UN CAS D'ANÉVRYSMES

DISSÉQUANTS MULTIPLES

DES ARTÈRES PRINCIPALES DE L'ABDOMEN

THÈSE

POUR L'OBTENTION DU GRADE DE DOCTEUR EN MÉDECINE

PRÉSENTÉE

DEVANT LA FACULTÉ DE MÉDECINE DE L'UNIVERSITÉ

DE LAUSANNE

PAR

ARNOLD E. VERREY

MÉDECIN-CHIRURGIEN

CHEF DE CLINIQUE A LA CLINIQUE OPHTALMOLOGIQUE

DU DOCTEUR LANDOLT A PARIS

*(Travail du Laboratoire d'anatomie pathologique
de l'hôpital cantonal de Saint-Gall)*

1911

UN CAS D'ANÉVRYSMES
DISSÉQUANTS MULTIPLES
DES ARTÈRES PRINCIPALES DE L'ABDOMEN

THÈSE

POUR L'OBTENTION DU GRADE DE DOCTEUR EN MÉDECINE

PRÉSENTÉE

DEVANT LA FACULTÉ DE MÉDECINE DE L'UNIVERSITÉ

DE LAUSANNE

PAR

ARNOLD E. VERREY

MÉDECIN - CHIRURGIEN

CHEF DE CLINIQUE A LA CLINIQUE OPHTALMOLOGIQUE

DU DOCTEUR LANDOLT A PARIS

(Travail du Laboratoire d'anatomie pathologique de l'hôpital cantonal de Saint-Gall)

1911

AU DOCTEUR LOUIS VERREY

MÉDECIN - OCULISTE

A

LAUSANNE

A MON CHER PÈRE,

je dédie ce travail en hommage de reconnaissance et de fidèle affection.

La Faculté de Médecine de l'Université de Lausanne, sans se prononcer sur les opinions du Candidat et ensuite des rapports favorables de MM. les professeurs Stilling et Bourget autorise la publication de la thèse intitulée :

« *Un cas d'anévrysmes disséquants multiples des artères principales de l'abdomen*, présentée par M. Arnold-E.-Verrey, méd. féd., pour l'obtention du grade de Docteur en médecine.

Lausanne, le 24 juillet 1910.

Le Doyen :

Dr SPENGLER.

TABLE DES MATIÈRES

Un cas d'anévrysmes disséquants multiples des artères principales de l'abdomen

par Arnold E. VERREY

Ancien interne du Service de Chirurgie à l'Hôpital Cantonal de Saint-Gall

(Travail du laboratoire d'anatomie pathologique de l'hôpital cantonal de St-Gall)

Le 6 mars 1907 entrait à l'hôpital cantonal de St-Gall un homme malade depuis le mois de septembre 1906. Il avait présenté dans le cours de sa maladie une série de symptômes curieux. Il mourait assez subitement une semaine après, et l'autopsie mettait au jour plusieurs anévrysmes des artères principales de l'abdomen, l'aorte étant exceptée. C'était la rupture de l'un d'eux, un anévrysme de l'artère hépatique, qui avait été cause de la mort.

L'anévrysme de l'artère hépatique et de ses branches terminales [1] est loin d'être chose courante dans la pratique médicale ; nous en avons trouvé 41 cas cités dans la littérature, de 1819 à nos jours. C'est une des raisons qui nous a engagé à publier ce cas nouveau. Du reste la multiplicité des anévrysmes, leur répartition sur les artères principales de l'abdomen, tout en exceptant l'aorte, le fait de leur forme anatomo-pathologique spéciale ajoutaient au très grand intérêt présenté par ce cas.

Nous voudrions, avant de commencer ce travail, dire à

1 Nous comprenons dans cette appellation, l'artère cystique aussi. Elle est en effet collatérale, soit du tronc de l'artère hépatique tout près de sa division, soit de sa branche terminale droite.

Monsieur le Docteur Saltykow, prosecteur de l'hôpital cantonal de St-Gall notre plus vive reconnaissance. C'est lui qui nous a procuré le plaisir d'étudier ce cas spécial. Avec une inlassable patience il nous a dirigé, aidé dans nos recherches tant bibliographiques que microscopiques, et toute notre gratitude lui est acquise pour ses nombreux et précieux conseils.

Historique de l'anévrysme de l'artère hépatique

En 1819 déjà, le docteur *Wilson* (1) de Londres parlait à l'une des réunions du « Royal College of Surgeons » d'un cas de jaunisse au cours de laquelle le malade était mort. L'autopsie, qu'il avait pratiquée lui-même, avait donné comme cause de cet ictère la compression des canaux biliaires par un anévrysme de la branche gauche de l'artère hépatique. Du vivant du malade, dit-il, aucun symptôme n'aurait pu faire supposer pareille trouvaille.

Puis c'est *Sestier* (2) en 1833, qui présente à la « Société Anatomique de Paris », un anévrysme de la branche droite de l'artère hépatique. Les symptômes constatés pendant la vie étaient ceux d'une gastrite chronique accompagnée de fortes douleurs.

Hématémèses répétées, selles sanguinolentes, léger ictère, phénomènes douloureux intenses à l'épigastre, furent les symptômes principaux d'un malade dont *Stokes* (3) publie le cas en 1834. L'autopsie mettait au jour un anévrysme de l'artère hépatique qui s'était rompu dans la cavité péritonéale. Rien n'expliquait par contre les vomissements de sang et le mélæna.

Ces trois anévrysmes, quoique en partie remplis de masses thrombosées, donnaient encore passage au sang. L'anévrysme que cite *Ledieu* (5), en 1856, était hermétiquement bouché par un thrombus ; pourtant le foie était de grosseur normale, dit-il, quoique légèrement cirrhotique.

Wallmann (6) le premier, en 1858, essaye d'expliquer les fortes douleurs des malades atteints d'anévrysmes de l'artère hépatique. Elles seraient causées à son avis par la pression de la tumeur sur les filets nerveux du plexus hépatique, peut-être aussi sur le ganglion solaire.

Le cas de *Lebert* (7), en 1861, présente les mêmes symptômes, que le cas précédemment cité de Stokes, mais l'hématémèse et les selles sanglantes ont une cause visible : la rupture de l'anévrysme dans la vésicule biliaire.

Les chiffres placés après les noms d'auteurs renvoyent à l'index bibliographique situé à la fin de ce travail.

Il faut arriver jusqu'à la thèse d'*Uhlig* (9), en 1868, pour trouver résumés certains des cas d'anévrysmes de l'artère hépatique publiés jusqu'alors. Le dessin symptomatique qu'il fait de l'anévrysme de l'artère hépatique est le suivant : douleurs dans le bas-ventre ; hématémèses et selles sanglantes ; ictère plus ou moins prononcé ; palpation d'une tumeur dans la région hypogastrique droite. Ces symptômes ne permettent, dit-il, que des conjectures, et l'on ne saurait poser qu'un pronostic pessimiste.

Quincke (10), en 1871, veut expliquer l'interruption possible des hémorragies, auxquelles donne lieu la rupture de l'anévrysme, par le fait que le sang se répandrait dans les canaux biliaires et que ceux-ci, une fois remplis de sang, exerceraient alors, du dehors, une compression sur l'anévrysme. Les douleurs paroxystiques proviendraient, pour lui, de la dilatation des canaux biliaires par le sang.

Son cas présentait du reste un fait nouveau : les coagula sanguins, trouvés dans les selles, montraient, à leur surface, l'impression des valvules conniventes. Cela démontrait clairement, dit l'auteur, que le sang venait au moins de la portion horizontale ou ascendante du duodenum, où ces valvules présentent leur maximum de développement. Quincke pense qu'en suite du typhus, dont son malade était atteint, la secrétion des glandes de cette portion du tube digestif devait être languissante, que la péristaltique était ralentie : seuls faits qui pouvaient expliquer la formation d'un tel coagulum. Des injections de sang dans le duodenum de chiens et de lapins ne donnèrent jamais, à leur évacuation, de coagula bien formés, portant l'impression des valvules, comme ceux qui furent observés du vivant du malade.

Le cas de *Ross* et *d'Ossler* (12), publié en 1877, présente un intérêt particulier, et cela pour la raison suivante : l'autopsie révéla un anévrysme de la branche droite de l'artère hépatique. Il était presque complètement rempli de masses thrombosées et ne donnait passage au sang que par un canal fort étroit. Il existait en même temps une hépatite suppurée. Pour les auteurs, l'anévrysme avait précédé l'hépatite suppurée, et c'était l'arrêt presque complet du courant sanguin qui en aurait été la cause. Ainsi serait démontré chez l'homme le même phénomène que chez le cobaye, où la ligature de l'artère hépatique produit une nécrose du foie. L'opinion émise dans ce travail était donc contraire à celle que Ledieu défendait dans l'article que nous avons cité plus haut. Il cherchait, lui, à démontrer que le foie n'est pas nourri exclusivement par le sang qui lui est apporté par l'artère hépatique, mais bien aussi par l'apport de sang venant de la veine porte. Le cas de son anévrysme thrombosé, et, malgré lui, l'intégrité presque complète du parenchyme du foie était une preuve de plus à sa démonstration.

En 1877 aussi, *Pearson Irvine* (13) publiait le cas d'un abcès du foie, dans la cavité duquel proéminait un anévrysme de la grosseur d'une amande. Cet anévrysme était formé par la dilatation de la branche gauche de l'artère hépatique. Pour la première fois l'étiologie d'un anévrysme de l'artère hépatique semble claire ; on avait affaire à un anévrysme par arrosion, comme on peut en trouver dans certaines cavernes tuberculeuses.

Le cas de *Borcher* (14), en 1878, présente les trois symptômes cités par Uhlig comme symptômes cardinaux. L'auteur montre le premier ce qu'a de particulier cet assemblage : vomissements de sang ou mélæna ; douleurs épigastriques ; ictère. La présence de l'ictère qui n'est jamais catarrhal, mais bien un ictère par obstruction, doit faire écarter toute idée d'ulcère stomacal ou duodenal. L'auteur accepte les idées précédemment émises quant à la naissance des douleurs dont se plaignent tous les malades atteints de cette affection.

Pour la première fois *Chiari* (18), en 1883, s'avise de faire une recherche microscopique de son cas. Il ne retrouve nulle part, dans la paroi de l'anévrysme, la tunique moyenne. La tunique interne elle-même n'est reconnaissable que sur une courte étendue.

Ahrens (21), en 1892, remarque même la disparition totale de l'intima. La média est en grande partie remplacée par des masses thrombosées en voie d'organisation. Il ne retrouve plus, dans les parois de l'anévrysme, de noyaux cellulaires, partout reconnaissables au contraire dans les tuniques du reste de l'artère hépatique. Pour lui cet anévrysme n'est qu'une sorte d'hématome, formé sans qu'il y ait eu, à proprement parler, de déchirures des parois artérielles. L'auteur n'explique pas mieux sa façon de comprendre les choses.

En 1893, le malade de *Sauerteig* (23) fut le premier qui subit une opération. Mais le diagnostic posé avait été celui de cholelithiase. Les vomissements sanguins étaient sensé venir d'ulcérations profondes qui auraient atteint un vaisseau important. C'est une élévation soudaine du pouls, fait qui pouvait faire croire à la perforation d'un de ces ulcères, qui fut le moment décisif choisi pour l'opération. Cette intervention était du reste déjà la seconde. La première fut pratiquée à cause des hématémèses successives, mais n'avait abouti à aucun résultat. L'opérateur avait incisé la vésicule biliaire, des flots sanguins s'en étaient échappé et l'on avait coupé court à l'opération en faisant un tamponnement.

A voir la tumeur anévrysmale, on crut, à la reprise, à un calcul biliaire enclavé dans le canal cholédoque ; une incision sur la tumeur donna un jet de sang. L'opérateur crut à une varice de la veine porte et termina l'intervention par un tamponnement. Le malade mourut peu après, et l'autopsie seule donna le diagnostic définitif.

C'est un collapsus qui fut la cause déterminante de l'opération pratiquée sur un malade dont parle *Niewerth* (25), en 1894. Le diagnostic posé avant l'intervention fut celui d'ileus partiel causé par une masse néoplasique. Là encore, l'autopsie seulement éclaira la situation. Au moment en effet où l'opérateur soulevait le foie il s'échappa de son hile un jet de sang artériel. Malgré le tamponnement le malade ne vécut plus que quelques jours.

C'est une gastro-enterostomie que l'on voulut faire dans le cas cité par *Mester* (26), en 1895. On croyait à un ulcère duodenal ; mais on ne trouve pas la source sanguine et le malade meurt en présentant des symptômes d'ileus.

Le diagnostic de *Grünert* (32), en 1903, fut celui qui se rapprocha le plus de la réalité. La laparotomie fut faite dans le but d'éloigner un néoplasme qui comprimerait les canaux biliaires. La tumeur élastique et tendue, non pulsatile, fut ponctionnée. On trouva du sang et l'on ne continua pas l'opération. Le malade mourut 8 jours après.

C'est en 1903 aussi, qu'eût lieu la première opération suivie de résultat. *Kehr* (31) nous dit qu'on trouva une tumeur pulsatile, ce qui fit mettre le doigt sur le diagnostic exact. On arrive à l'artère hépatique, on en fait la ligature. Les suites de l'opération consistent en une nécrose du bord antérieur du foie. Elle est profonde de 2 centimètres, mais le malade guérit.

De 1893 à 1903, *Sauerteig, Niewerth, Mester, Bernard* (27), *Hansson* (28) et *Grünert* font des études comparatives de tous les cas d'anévrysmes de l'artère hépatique qu'ils ont pu rassembler. *Sauerteig,* en 1893, explique les douleurs, non seulement par la compression des filets nerveux avoisinants ; pour lui il y a coexistence de péritonite localisée, réaction du péritoine contre la masse néoplasique. Cette péritonite explique les douleurs et aussi les adhérences qui se produisent autour de la tumeur.

L'ictère est fréquemment un ictère à répétition. *Sauerteig* voudrait en trouver les causes dans les différences de la pression sanguine. L'anévrysme croissant, comprime les canaux biliaires ; la bile est retenue en amont de la tumeur ; mais l'anévrysme perfore, la pression sanguine baisse alors, elle est contre-balancée, dépassée même par la pression de la bile retenue dans la vésicule et dans les canaux ou canalicules biliaires. La bile peut alors s'échapper à nouveau. Il se forme un coagulum qui ferme la déchirure de l'anévrysme, et la pression sanguine redevient suffisante pour chasser ce bouchon. L'anévrysme se remplissant de nouveau, il comprime les canaux biliaires et l'ictère reparaît. Et ainsi de suite.

L'auteur croit que dans certains cas l'extirpation de l'anévrysme doit être possible. Quant au diagnostic, dit-il, les pertes sanguines ne sont pas un garant de son exactitude, car vomissements de sang ou mélæna peuvent se trouver unis à l'ictère dans la cholelithiase et dans le carcinome du foie.

Ce n'est pas seulement le sang dilatant soudainement les canaux biliaires qui serait pour *Mester* la cause des douleurs. Il croit qu'on doit avoir affaire à de vraies coliques hépatiques. Ce sont des coagula sanguins qui les produisent au lieu de calculs. On aurait là un fait analogue à celui qui se produit lors de coliques néphrétiques dans une tuberculose du rein. *Mester* croit aussi à la possibilité d'une opération qui serait le salut pour le malade. L'auteur attire l'attention sur les hémorragies fréquentes dans la lithiase biliaire, ainsi que sur l'ictère, qu'on trouve dans l'ulcère du duodenum ; cet ictère est causé par un catarrhe ascendant. L'ulcère du duodenum peut aussi facilement être la cause d'adhérences qui exerceraient une compression sur le cholédoque. Il en résulterait un ictère par obstruction.

Grünert réunit en 1903, 36 cas d'anévrysme qu'il dit être de l'artère hépatique, mais qui appartiennent plutôt au territoire irrigué par l'artère hépatique, ses collatérales et ses branches terminales. Il cite par exemple un cas d'anévrysme de l'artère gastro-épiploïque droite et deux cas de dilatation de l'artère pancréatico-duodénale, collatérale elle-même de la précédente.

Il nous semble que ce soit étendre un peu loin la zone d'influence de l'artère hépatique dans le sujet qui nous occupe ; et cela d'autant plus que ces artères s'anastomosent à plein canal avec des artères venues soit de la splénique, soit de la mésentérique supérieure. Dans le nombre de 41 anévrysmes de l'artère hépatique, que nous avons cité au commencement de ce travail, nous n'avons pas compris les 3 anévrysmes dont *Grünert* a tenu compte et dont nous venons de parler, cas publiés en leur temps par *Sadler* (45) *Babington* (42) et *Sommer* (30). Nous n'avons considéré que les anévrysmes appartenant au tronc de l'artère hépatique et à ses branches terminales, gauche et droite, ainsi que ceux développés sur l'artère cystique. Elle naît, en effet, tantôt du tronc de l'hépatique juste avant sa bifurcation, tantôt de la branche droite de l'artère. C'est ce qui nous a engagé à comprendre ses dilatations anévrysmales dans notre nomenclature.

Grünert a en outre commis une petite erreur que nous tenons à relever ici. Il compte un cas d'*Uhlig* et un cas de *Kaufmann* comme deux cas nouveaux, tandis qu'il s'agit en définitive du même cas, qui servit à édifier, la même année (1868), deux thèses à la Faculté de médecine de Leipzig. Les deux candidats disent tenir leur cas de M. le Dr Riedel. *Uhlig,* dont la thèse date de juillet 1868, donne l'histoire de malade et le protocole d'autopsie très en détail. *Kaufmann* lui, ne fait qu'en citer les points principaux. Si l'on compare un instant les deux textes, on ne peut que se persuader de l'identité des deux cas. Dans l'un et l'autre, il s'agit d'un homme de 48 ans, dont le foie grossi présente des adhérences avec les organes avoisinants. L'anévrysme trouvé est présenté dans les deux travaux comme étant de la grosseur d'un œuf d'oie. C'est un trou de la grosseur d'un pois qui, pour l'un et l'autre, donna passage au sang, envahisseur de la cavité péritonéale. En outre la rate est présentée comme étant du double de sa grosseur habituelle. Il ne saurait s'agir là que d'un seul et même cas.

Si nous diminuons la liste de *Grünert* de ces quatre cas, nous arrivons à un total de 32 cas d'anévrysmes de l'artère hépatique publiés jusqu'à la fin de l'année 1903.

Discutant de l'étiologie des anévrysmes de l'artère hépatique, *Grünert* rencontre fréquemment dans l'anamnèse des patients une maladie infectieuse. Elle précède de peu de temps souvent l'extériorisation des symptômes de l'anévrysme. L'auteur croit que ces maladies doivent jouer un rôle extrêmement important dans l'étiologie des anévrysmes de l'artère hépatique. Etudiant tous les cas, antérieurement publiés, à ce point de vue et repoussant les autres causes mises en avant par les auteurs eux-mêmes, *Grünert* trouve une maladie infectieuse dans le 73 0/0 des cas. De là à dire que la maladie infectieuse est cause de l'anévrysme il n'y a qu'un pas. Il le franchit sans tenir compte suffisamment des erreurs que peut engendrer une application trop stricte du « post hoc, ergo propter hoc ». Qu'il semble avoir raison dans bien des cas, nous le concédons volontiers, en nous plaçant au point de vue du clinicien. Il manquait à ce moment à son affirmation des recherches microscopiques qui confirmassent son hypothèse. Même dans son cas, *Grünert* ne cite aucune donnée anatomo-pathologique pouvant venir à l'appui de son dire.

Depuis la publication de *Grünert*, d'autres auteurs ont fait des recherches microscopiques. *Bickardt* et *Schumann* (39), en 1907, ont démontré pour un de leurs cas la relation qui existait entre la maladie infectieuse et l'anévrysme. Un petit garçon atteint d'ostéomyélite du fémur, meurt soudain dans le collapsus, deux mois et demi après le commencement de son affection. A l'autopsie on trouve un anévrysme embolique de la branche droite de l'artère hépatique. Une recherche bactériologique permit de démontrer la présence du staphylocoque doré dans la paroi de l'anévrysme. Dans un autre cas les mêmes auteurs trouvent des bacilles de Koch et des tubercules dans la paroi d'un anévrysme de l'artère hépatique, sans que les recherches puissent déceler de tuberculose dans le reste du corps.

Dans le cas de *Reichmann* (40), en 1908, les recherches microscopiques démontrent péremptoirement l'origine infectieuse du processus, dont la cause première résiderait dans de petits ulcères de la vésicule biliaire. Ce cas présente aussi un grand intérêt du fait de la thrombose de plusieurs des artères du foie, et de nécroses consécutives du parenchyme avec formations kystiques. Par l'expérimentation, *Janson* est arrivé à peu près au même résultat chez des lapins auxquels il faisait la ligature de l'artère hépatique. Cet auteur serait donc du même avis que *Ross* et *Ossler* qui le citent.

Les recherches microscopiques, dans les cas de *Sojecki* (33) publié en 1904 et de *Waetzhold* (38) en 1905, permettent de découvrir une artérite luétique, cause des anévrysmes.

L'étiologie des anévrysmes de l'artère hépatique comme celle de tous les anévrysmes du reste, est donc encore loin d'être claire. Il est en tout cas impossible de généraliser. Jusqu'à maintenant, traumatismes, artério-sclérose, syphilis, maladies infectieuses, semblent chacun jouer un rôle une fois ou l'autre.

L'étiologie du cas suivant, qu'il nous a été donné d'étudier ne nous paraît pouvoir rentrer sous aucune des rubriques sus-mentionnées.

L'anamnèse nous fut communiquée deux ans après la mort de son mari, par la femme du malade. On n'avait en effet pas écrit d'histoire du malade lors du court séjour du patient à l'hôpital de St-Gall.

Notre cas

Anamnèse

H. B..., 38 ans, charpentier, n'a fait aucune maladie jusqu'à l'âge de 18 ans. Il est soigné alors 15 jours pour une pneumonie grave. A peine sorti de l'hôpital il se remet au travail, mais il lui reste une disposition à rhumes et bronchites tous les hivers, qui ne l'empêche pourtant pas de se rendre à son ouvrage. A l'âge de 33 ans, il tombe d'une hauteur de 3 mètres, se fait diverses contusions à la tête, à la région lombaire et à l'hypocondre droit. Il se plaint alors de fortes douleurs dans tout le bas-ventre, mais surtout à droite. Même après sa sortie de l'hôpital ces douleurs le reprennent de temps en temps, il en souffre pendant 6 mois. Ensuite santé excellente jusqu'en 1906.

Au retour du service militaire, en 1906, il est pris d'une toux très pénible et persistante ; à l'expectoration sont mêlés de fins filets sanguinolents. Il continue pourtant son dur métier, sans vouloir consulter de médecin. Au nouvel-an 1907, éruption aux membres inférieurs avec engorgement douloureux des ganglions lymphatiques de la région inguinale droite. La partie inférieure du corps est envahie d'œdèmes. Une dyspnée assez intense accompagnée de sentiment d'angoisse s'installe chaque soir ; le visage est bouffi, violacé ; mais notre homme travaille quand même toute la journée. Les crachats sont purulents, toujours rayés de sang. Le malade se plaint de douleurs, parfois intolérables, dans la région lombaire, surtout à droite, et dans les deux hypocondres. Il vomit souvent après avoir mangé ; jamais les matières rejetées ne contiennent de sang.

Dès le commencement de février 1907 les douleurs augmentent encore, ne lui laissant aucun repos. Alors seulement le patient cesse le travail ; mais il ne peut s'aliter et passe son temps à se promener de long en large. Il dit à sa femme qu'elle ne saurait s'imaginer les souffrances qu'il endure. L'appétit diminue, le malade maigrit, les symptômes antérieurs restent les mêmes ; il s'y ajoute, une constipation de plus en plus opiniâtre.

Le 28 février 1907 la femme entend de la cuisine son mari respirer d'une façon extraordinairement bruyante ; elle accourt, le trouve évanoui, complètement exsangue, transpirant, les membres froids. Le malade se remet lentement, mais les douleurs abdominales sont plus terribles ; il ne peut faire un mouvement sans être pris de vertige. Il se remonte pourtant, mais on demande son admission à l'hôpital où il entre le 6 mars. L'assistant, dans le service duquel il est placé, le trouve très faible, anémié, se plaignant de fortes douleurs de ventre. L'état subsiste le même jusque dans la nuit du 12 au 13 mars, dans laquelle le malade est repris de collapsus. Il végète le reste de la journée et meurt dans la soirée du 13.

L'autopsie fut faite le lendemain, 14 mars, en l'absence du prosecteur de l'hôpital, par l'un des assistants. Nous transcrivons ici le protocole de nécropsie. Le foie avait été conservé dans le liquide de Kaiserling, l'aorte abdominale et ses branches dans le formol.

Diagnostic anatomo-pathologique

Anévrysmes multiples, en partie disséquants des branches de l'artère hépatique, de l'artère mésentérique supérieure, des artères iliaque commune et iliaque externe à droite.

Rupture d'un des anévrysmes des branches de l'artère hépatique ; hémorragie abdominale.

Pneumonie lobaire droite.

Infiltration hémorragique de la muqueuse du bassinet du rein gauche.

Infarct blanc du lobe gauche du foie.

Autopsie

Cadavre de sexe masculin ; de grande taille, à forte ossature.

Peau très pâle, violette dans les parties déclives. Rigidité cadavérique prononcée.

A l'ouverture de l'abdomen, on aperçoit des anses d'intestin grêle, le mésentère d'une couleur gris-noirâtre. On retire de la cavité abdominale 400 centimètres cubes d'un liquide brun foncé, mêlé de caillots sanguins.

Les poumons recouvrent totalement le péricarde.

La cavité du péricarde contient une petite quantité d'un liquide clair. Le cœur est gros, passablement chargé de graisse à l'extérieur. Valvules de la tricuspide et de la pulmonaire, normales ; les tissus des valvules de la mitrale un peu trop fermes, mais les valvules lisses ; valvules de l'aorte un peu épaissies. La musculature du cœur gauche mesure 5 mm. ; musculature en général, brune.

Aorte large, tunique interne lisse.

Nombreuses adhérences, tant à gauche qu'à droite entre les feuillets pariétaux et viscéraux de la plèvre. Poumon gauche volumineux, son parenchyme bien aéré, pâle. Poumon droit, plus difficile à retirer de la cavité thoracique que le gauche. Parenchyme très humide, mal aéré ; à la coupe, la tranche est granuleuse, de coloration brun-rougeâtre.

Muqueuse des organes du cou, lisse et pâle.

Ganglions bronchiques plus gros que normalement, mais sans caséification.

Glande thyroïde grossie, contient de nombreux noyaux à dégénérescence colloïde.

Rate grosse, molle ; à la coupe les follicules font saillies ; trabécules visibles.

Capsule surrénale gauche, aucune particularité à noter.

Rein gauche petit, pâle, capsule fibreuse facile à détacher ; à la coupe : parenchyme pâle, zone corticale un peu rétrécie, dessin distinct.

Capsule surrénale droite et rein droit : mêmes remarques qu'à gauche.

Vésicule biliaire très tendue, muqueuse pâle.

Voûte du crâne symétrique, pauvre en tissu diploïque. Dure-mère, lisse et brillante ; dans les deux ventricules latéraux du cerveau peu de liquide clair ; substance cérébrale ferme, très pâle, pas de foyers pathologiques.

Vessie fortement contractée, parois fermes ; muqueuse lisse et pâle, trabéculaire jusqu'à un léger degré.

Prostate, testicules, rectum, intestin grêle, gros intestin, appendice : rien de particulier à noter, si ce n'est la pâleur des organes et de leur muqueuse.

Le foie, le pancréas et les organes rétropéritonéaux sont placés dans le formol. Le lendemain, à l'examen de ces organes le prosecteur note ce qui suit, notes que nous avons nous-mêmes complétées à l'aide des pièces, conservées au musée de l'institut pathologique.

Description macroscopique du foie *(Pl. I.)*

Largeur 20 cm., hauteur 13 cm., épaisseur jusqu'à 11 cm.; le lobe gauche est étroit. Il mesure : en arrière 7 cm., 6 cm. au milieu, en avant 3 cm. seulement ; ces mesures sont prises à partir du ligament suspenseur du foie. La face antéro-supérieure du lobe gauche, et le feuillet gauche du ligament suspenseur sont couverts d'épais caillots sanguins mesurant jusqu'à 22 mm. d'épaisseur.

Au lieu de la surface lisse habituelle du lobe gauche, on constate à sa face convexe, et sur la moitié antérieure de cette face, un enfoncement de forme irrégulière, de 2 mm. de largeur, sur 5 cm. de longueur. Le fond de cette cuvette est bosselé et comme plissé. Entre cet enfoncement et le ligament suspenseur du foie, partent, du bord antérieur du lobe gauche, deux incisures irrégulières. Elles mesurent de 8 à 9 cm. de longueur et se dirigent d'avant en arrière sur la face antéro-supérieure. A la face concave du lobe gauche, juste au-dessous de l'enfoncement qui vient d'être décrit, la capsule de Glisson est ratatinée, montrant une surface de pomme ridée.

Afin de faciliter l'examen du parenchyme du foie, l'organe est coupé dans sa longueur en quatre grandes tranches.

A la coupe, le parenchyme est pâle, brunâtre ; le dessin est distinct, mais les lobules sont très petits. Presque toute la moitié antérieure du lobe gauche — correspondant à l'enfoncement et aux incisures constatés à la surface convexe du lobe gauche, ainsi qu'au plissement de la capsule de Glisson à la face concave du lobe — est occupée par un foyer en forme de coin. Sa base correspond à la face convexe du lobe ; sa pointe se dirige vers la droite et en bas. De la pointe à la base, ce foyer mesure 4 cm. Il contient de nombreux districts jaunes clairs, à limites dentelées ; leur diamètre va jusqu'à 2 cm. Ces districts laissent reconnaître encore le dessin des lobules. Tout à l'entour, le parenchyme est rouge-brun, d'une couleur plus foncée que celle du parenchyme du reste du foie. De très nombreux vaisseaux à parois épaissies apparaissent au milieu du parenchyme.

La pointe de ce foyer est à 2 cm. environ au-dessus de la face concave du foie. A cette extrémité se trouve une cavité à parois fibreuses épaisses, située sur le trajet de la branche de bifurcation gauche de l'artère hépatique. Cette cavité de la grosseur d'une grosse noix est remplie d'un thrombus gris-rougeâtre. Une sonde pénètre facilement dans l'extrémité centrale de l'artère ; au contraire la portion périphérique est bouchée par le thrombus déjà noté. Cette cavité n'est séparée de la face inférieure et du hile du foie que par sa paroi fibreuse, ayant à ce niveau un demi centimètre d'épaisseur en moyenne.

La dilatation communique avec la cavité abdominale par une petite déchirure, qui se trouve précisément dans cette paroi fibreuse.

De la partie de cette cavité, où sa convexité bombe le plus dans la direction de la face antéro-supérieure du foie, part une fente de 3 cm. de largeur, 3 1/2 cm. de profondeur et d'un demi à 1 cm. de hauteur, qui se dirige horizontalement dans la direction de l'extrémité droite du foie. Cette fente pénètre dans le parenchyme du lobe droit jusqu'à une ligne hypothétique verticale qui joindrait le bord droit du lobule de Spiegel à la convexité du foie.

Dans le lobe droit, sur le trajet de la branche de bifurcation droite de l'artère hépatique, on remarque, non loin de la face concave du foie, une cavité fusiforme de la grosseur d'une forte amande. Cette cavité est placée à peu près symétriquement, par rapport au hile, à la dilatation de la branche gauche de l'artère hépatique. Elle contient, adhérents à ses parois, des restes de masses thrombosées d'une teinte brun-rougeâtre. Une sonde pénètre facilement dans la partie centrale de l'artère.

A la partie supérieure de cette dilatation se trouve une seconde cavité, placée transversalement à la première. Elle mesure 2 cm. de longueur et 1 1/2 cm. de diamètre. Avec la sonde on pénètre de la première dans la seconde dilatation, quoique la plus petite cavité soit en partie remplie par un thrombus gris-rougeâtre, fortement adhérent aux parois épaisses de la cavité. Cette seconde dilatation se rétrécit soudain et se continue par la branche périphérique de l'artère. Elle est perméable pour une étroite sonde.

On trouve en outre dans le lobe droit, entre cette dernière cavité et la fente dans le parenchyme — citée plus haut — une autre dilatation artérielle de la grosseur d'un pois. Avec la sonde, on pénètre, soit d'un côté, soit de l'autre dans l'artère qui macroscopiquement paraît normale.

On rencontre du reste, dans ce même lobe droit, des rameaux de l'artère nourricière élargis et thrombosés.

Veine cave et veine porte sans particularités à noter.

Aorte et ses branches *(Pl. II.)*

Aorte étroite, parois épaisses, tunique interne lisse.

A droite, l'artère iliaque commune se dilate, entre sa séparation de l'aorte et sa division en iliaques interne et externe. Elle forme une cavité un peu plus grosse qu'une amande, fusiforme, remplie de masses thrombosées, déchiquetées.

L'artère iliaque externe du même côté présente elle aussi, une dilatation remplie de thrombus de couleur rouge-foncé. La cavité formée est de la même dimension que celle de l'artère iliaque commune.

Ces deux cavités paraissent au premier abord être des dilatation des artères elles-mêmes. A un examen plus attentif cependant, on remarque — et cela surtout à l'artère iliaque commune — que l'artère parfaitement lisse pénètre dans le milieu de la masse thrombosée. Cette masse s'accumule entre cette paroi mince, et la paroi interne de la cavité, fibreuse, mesurant jusqu'à 4 mm. d'épaisseur. La paroi de l'artère et celle de la cavité font corps du côté externe. On reconnaît cette lamelle flottante sur une longueur d'un centimètre et demi environ, puis on perd sa trace au milieu des masses thrombosées. On la retrouve après la division de l'iliaque commune en externe et interne. Elle chemine d'abord contre la paroi externe de la cavité formée par l'artère iliaque externe, puis contre sa paroi interne. A cette hauteur, une coupe transversale de la paroi montre là l'artère complète. Ce qui a donc été ouvert par les ciseaux ce n'est pas, comme on aurait pu le penser tout d'abord, l'artère elle-même dilatée, mais bien une cavité remplie de masses thrombosées et dans la paroi interne de laquelle passe l'artère. Là où la dilatation fusiforme se resserre, on reconnaît de nouveau, rentrant en contact avec les parois de la cavité, les parois de l'artère.

A droite, l'artère iliaque interne ne montre aucune particularité.

Les artères symétriques gauches sont normales, à part un léger élargissement de l'iliaque interne et un épaississement de sa tunique interne.

L'artère mésentérique supérieure montre, peu après sa sortie de l'aorte, une dilatation fusiforme, mesurant 3 1/2 cm. de longueur, également remplie de masses thrombosées rouge-foncé. On ne peut remarquer dans cette cavité les détails notés plus haut pour les dilatations des artères iliaque commune et iliaque externe à droite.

L'artère cœliaque présente, à sa sortie de l'aorte, sur sa tunique interne, une plaque légèrement épaissie. Elle est assez étendue et offre une couleur blanchâtre.

L'estomac et le pancréas, qui avaient été durcis dans le formol, ne présentent rien de particulier à noter. Par contre le mésentère très riche en graisse, montre des thromboses de plusieurs artères ; ses ganglions sont un peu plus gros que normalement.

Résumé des découvertes de l'autopsie

Si nous résumons maintenant les découvertes que l'autopsie nous a permis de faire dans la cavité abdominale, nous notons 3 anévrysmes, de la grosseur d'une petite à celle d'une grosse noix. Ces anévrysmes se trouvent sur le trajet des artères mésentérique supérieure, iliaque commune à droite et iliaque externe du même côté. Les anévrysmes des deux dernières artères paraissent disséquants, celui de la mésentérique semble un anévrysme vrai. Tous trois sont remplis de masses thrombosées rouge-foncé.

Dans le foie, nous trouvons, symétriquement placés par rapport à la division de l'artère hépatique, un anévrysme de chacune de ses deux branches. Celui de la branche droite est de la grosseur d'une amande avec sa coque et communique par une petite ouverture, laissant pénétrer une petite sonde, avec un second anévrysme. Celui-ci a la forme et la grosseur d'un noyau de datte. Il est placé transversalement par rapport au premier. Nous avons rencontré en outre dans le lobe droit, une troisième dilatation anévrysmale de la grosseur d'un pois. Il n'a pas été fait plus de coupes du foie, afin de ne pas gâter la préparation des deux principaux anévrysmes, mais étant donné la dilatation presque générale des artères de ce lobe et leur état souvent thrombosé, il se peut fort bien que l'on ait découvert encore d'autres anévrysmes plus petits.

La branche gauche de l'artère hépatique aboutit, peu après sa pénétration dans le hile, à un anévrysme de la grosseur d'une noix avec son brou, le gros thrombus rond qui le remplit pouvant être comparé à la noix elle-même. Cet anévrysme communique : 1°,— à sa paroi inférieure avec la cavité abdominale, par une petit fente ; 2° — à sa paroi convexe supérieure avec une grosse déchirure qui baille à l'intérieur du parenchyme et se trouve remplie de caillots sanguins. L'extrémité périphérique de cet anévrysme thrombosé aboutit à un gros foyer d'infarct blanc, qui occupe presque toute la moitié antérieure du lobe gauche du foie. On ne trouve nulle part ailleurs dans le foie d'autres infarcts.

Définition de l'anévrisme

Avant d'en venir aux découvertes que le microscope nous a permis de faire dans tous ces tissus, nous aimerions à définir exactement ce que nous entendons par anévrysme.

Il existe en effet une école allemande qui tend à rejeter peu à peu l'ancienne définition de l'anévrysme que donne encore *Billroth* (54), que donnent la plupart des auteurs français, par exemple *Forgue* (55) : « L'anévrysme, dans son sens le plus large, est une cavité remplie de sang liquide ou coagulé, en communication avec l'artère qui en est l'origine. »

Schmaus (64), par exemple, appelle anévrysme une dilatation du canal artériel, à un endroit circonscrit. Pour *Eppinger* [1] l'anévrysme ne sera que toute dilatation artérielle où la tunique moyenne ne saurait être mise au jour, tant ses transformations anatomo-pathologiques sont considérables. *Benda* [2], lui, rejette la séparation rigoureuse en anévrysmes vrais ou faux, à cause des multiples

1 Cité d'après Schultze (34).
2 Cité d'après Sauerteig (23).

formes de passage que l'on trouve, dit-il, entre les deux. Ce n'est plus d'après la forme que ces auteurs classent leurs anévrysmes, mais surtout d'après l'étiologie. Nous aurons les anévrysmes vrais spontanés, ou vrais traumatiques, les anévrysmes par embolie ou par arrosion, suivant *Kaufmann* (57) ou suivant *Marchand* (59), les anévrysmes congénitaux, parasitaires, simples, d'Eppinger. *Thoma* (65), dans sa classification, mélange la forme avec l'étiologie. L'anévrysme disséquant est, par tous ces auteurs, mis habituellement dans une classe à part.

Tous cependant sont d'accord — dans quelque classe qu'ils le mettent — pour appeler anévrysme disséquant, la forme dans laquelle le sang s'est infiltré entre deux des tuniques constituantes de l'artère ; soit entre la tunique interne et la tunique moyenne ; soit entre la tunique moyenne et l'adventice ; soit même, d'après *Marchand*, entre les couches de ces diverses tuniques.

Pour nous, par anévrysme, nous entendrons toujours une cavité à parois propres, remplie de sang liquide ou coagulé, en communication directe avec une artère. Sans vouloir préjuger en aucune sorte de leur étiologie encore trop discutée, nous adoptons la division des anévrysmes en vrais ou faux, et nous classons l'anévrysme disséquant parmi les anévrysmes faux. Nous conservons le nom de vrais aux dilatations circonscrites d'une artère, sans rupture préalable de sa tunique interne.

EXAMEN MICROSCOPIQUE

Les recherches microscopiques de notre cas ont porté sur les différents anévrysmes cités plus haut, sur l'aorte, sur l'épaississement de l'artère cœliaque ; pour le foie, en outre des anévrysmes, sur l'infarct blanc, sur la déchirure partant de l'anévrysme de la branche gauche de l'artère hépatique, et sur une portion, qui paraissait macroscopiquement saine, du parenchyme du foie.

Recherche de dégénérescences ou de dépôts graisseux

La recherche de dégénérescences ou de dépôts graisseux a été faite dans l'aorte, l'artère cœliaque, l'artère mésentérique supérieure, l'artère iliaque externe et dans les deux parois des anévrysmes principaux du foie. Cette recherche a été faite soit avec le « Sharlachrot » des Allemands, proposé pour la première fois par *Von Michaelis*, soit par la méthode de *B. Fischer*. Cet auteur a proposé un mélange de la couleur de *Von Michaelis* et de la fuchseline de *Weigert*. Ce nouveau colorant permet, en outre de la coloration des gouttelettes graisseuses, celle des fibres élastiques.

A un faible grossissement, on constate dans l'aorte une ponctuation de fines granulations orangées, dans la moitié interne de la tunique moyenne. Ce pointillé va jusqu'à la limitante élastique interne. Ces granulations font défaut dans la tunique interne.

A un plus fort grossissement ces fines granulations se montrent logées entre les lamelles élastiques. Elles confluent parfois jusqu'à former des nids de granulations graisseuses qui paraissent avoir écarté les lamelles. Les granulations de la limitante élastique interne sont un peu plus grosses, rangées en chapelets parallèles à ses lames. La tunique interne est toujours indemne de granulations graisseuses.

Quant aux lamelles élastiques, dans la tunique moyenne, elles sont un peu étirées, présentant moins leur forme ondulée habituelle. Par places même, elles sont interrompues par les amas graisseux décrits plus haut. Ces irrégularités encore à l'état solitaire dans la tunique moyenne, sont un peu plus prononcées dans les lamelles de la limitante élastique interne. Elles sont sectionnées, parfois tout à fait morcelées, formant par places un fouillis assez inextricable, mélangé de gouttelettes graisseuses.

Mais nulle part il n'y a de rupture de toute la limitante élastique interne.

La portion prélevée à l'artère cœliaque, dans la plaque blanchâtre citée au protocole d'autopsie, montre un épaississement des couches de la tunique interne. Elle présente de 1 à 1 1/2 mm. d'épaisseur, mais on n'y constate aucune infiltration de gouttelettes graisseuses. La tunique moyenne montre une forte augmentation de tissu conjonctif aux dépens de son tissu musculaire, mais elle ne contient pas non plus d'infiltration graisseuse. Ses lamelles élastiques montrent ici, à un beaucoup plus haut degré que dans l'aorte, cet état haché, même émietté, qui fait ressembler chacune d'elle à une ligne d'écriture de l'alphabet morse. Par places la limitante élastique interne n'est plus qu'un amas de morceaux ; à d'autres elle est même interrompue.

Pour les anévrysmes, nous ne ferons que signaler ici l'état d'infiltration graisseuse, sans décrire chacune des couches de l'artère, ce que nous ferons plus loin. Dans la paroi de l'anévrysme de l'artère mésentérique supérieure on n'aperçoit pas trace de dépôts de gouttelettes graisseuses ni dans la tunique moyenne, ni dans la tunique interne. Il en est de même pour les parois de l'anévrysme de l'artère iliaque externe, sauf de très rares amas dans la tunique interne et entre les lamelles brisées de la limitante élastique interne.

Quant aux parois des anévrysmes du foie il aurait dû être plus difficile d'établir un status exact de l'infiltration graisseuse, car le foie se trouvait depuis 2 ans dans le liquide de Kaiserling. On aurait pu pourtant s'en rendre compte et trouver des espaces laissés libres par la disparition des cristaux de cholesterine. Mais, comme nous le verrons plus loin, les tuniques interne et moyenne avaient presque partout disparu. Dans le seul endroit où il nous ait été donné de les retrouver, elles étaient si déchiquetées que l'on n'aurait rien pu affirmer du tout. Il en est de même de l'adventice, qui du reste ne saurait nous intéresser à ce point de vue.

Examinons maintenant l'un après l'autre les divers anévrysmes. Voyons ce que le microscope peut nous révéler sur la constitution de leurs parois et sur les tissus formant les diverses tuniques des artères où ils ont pris naissance. Occupons-nous pour commencer des parois de l'anévrysme de l'artère mésentérique supérieure.

Examen microscopique de l'anévrisme de la mésentérique supérieure *(Pl. III.)*

Les parois ont été examinées dans deux portions différentes de la dilatation. Disons-le une fois pour toutes, les coupes ont été colorées avec l'haemalun-éosine, avec le colorant de Van Gieson ; avec ceux de Hornowski [1] et de Weigert, pour permettre l'examen du tissu élastique.

La paroi externe de l'anévrysme de l'artère mésentérique supérieure n'est formée que de l'adventice fortement épaissie. On ne trouve, sur les préparations, aucune trace de tunique interne ou moyenne. La limitante élastique externe est la couche sur laquelle vient s'appuyer la masse thrombosée.

Sur les préparations provenant de la paroi inférieure de l'anévrysme, ce qui frappe la vue tout d'abord, c'est, comme plus haut, l'adventice très épaisse. Elle présente beaucoup de fibres élastiques coupées soit en travers, soit en long. Un examen un peu superficiel nous avait fait prendre tout d'abord cette couche pour la tunique moyenne tant le tissu élastique y était dense, tant la limitante élastique externe, formée de lamelles élastiques courant parallèlement à la masse thrombosée, était épaisse.

A l'une des extrémités de la préparation, la couche thrombosée, en voie d'organisation, va en s'amincissant, formant comme un coin entre l'adventice d'une part et la tunique moyenne d'autre part. Cette tunique moyenne, que l'on reconnaît sur un faible parcours, adhérente encore à l'adventice, en a été décollée par la masse sanguine. Seules quelques lamelles de la limitante élastique externe la relient encore

1 Le colorant de Hornowski est formé de fuchseline et d'hématoxyline de Weigert, avec la liqueur de Van Gieson. Il permet de différencier les tissus de la façon suivante : le tissu conjonctif apparaît en rouge, le tissu musculaire en jaune, le tissu élastique en noir et les noyaux des cellules en brun.

par places à l'adventice. Une partie de ces lamelles élastiques sont restées adhérentes à la tunique externe sur un plus long parcours que la tunique moyenne elle-même, et forment comme des ponts jetés d'une tunique à l'autre.

Dans la portion où ces lamelles sont tout environnées par la masse thrombosée, on dirait qu'elles sont comme tendues; elles ont perdu en tout cas leur état ondulé qu'elles retrouvent au moment où elles reviennent en contact avec la tunique moyenne. Cette tunique au lieu d'être étendue parallèlement à l'adventice, malgré le thrombus qui les sépare, se replie sur elle-même conservant ainsi la forme de la lumière primitive de l'artère. Cette lumière, remplie de globules rouges, est bordée par la tunique interne séparée de la tunique moyenne par la limitante élastique interne qu'on reconnaît facilement.

L'une des lames élastiques que nous venons de décrire (pont jeté de l'adventice à la moyenne), est accompagnée dans son trajet d'une forte prolifération conjonctive. Le thrombus est à cette hauteur totalement organisé et forme comme une couche nouvelle épaississant, à l'intérieur, la paroi de l'anévrysme. Du reste, lors des coupes microscopiques, elle se sépare du thrombus, restant fermement attachée à l'adventice et suivant cette lame élastique qui passe jusqu'à la tunique moyenne. Elle demeure du côté opposé à la tunique moyenne, ce qui est une preuve qu'elle n'est pas un reste de la moyenne transformée. L'autre partie du thrombus est formée de fibrine, infiltrée de cellules rondes. Au contraire, dans la couche parfaitement organisée on reconnaît, à un plus fort grossissement, des lames de fibrine entourées de tissu conjonctif et pénétrées aussi d'un fin réseau de fibrilles conjonctives. Au niveau de ces nids de fibrine on trouve des capillaires sanguins et une grande infiltration de fibroblastes.

La différence est très frappante entre les noyaux cellulaires de cette portion du thrombus organisé et le reste de la masse sanguine thrombosée. Ce qui, à un petit grossissement paraît simplement infiltration cellulaire, se montre sous un jour tout différent avec un objectif plus fort. Tandis que le thrombus contient une quantité de leucocytes, en majorité polynucléaires, avec peu de lymphocytes et quelques cellules à granulations éosinophiles, la masse organisée contient des cellules beaucoup plus grandes, à noyaux plats et allongés. Les cellules qui enveloppent les nids de fibrine sont plus irrégulières, soit fuselées, soit recourbées, soit même étoilées. On rencontre aussi quelques leucocytes, mais ce sont tous de petits lymphocytes reconnaissables à la coloration plus intense de leur noyau et à la disposition radiaire de la chromatine. La masse protoplasmique des cellules est très minime, sauf pourtant dans quelques cellules possédant le même noyau placé excentriquement. Nous avons affaire à des plasmazellen, tels que les décrit par exemple *R. Marie* (70) rapportant l'opinion qui tend à prévaloir aujourd'hui.

Sur tout le pourtour de l'anévrysme, on reconnaît cette couche de tissu conjonctif formée par l'organisation du thrombus. Elle est parfois plus épaisse, plus dense aussi, d'autres fois plus étroite. De cette couche, dont les fibres conjonctives vont s'amincissant vers les masses thrombosées plus récentes, s'échappent des traînées de cellules conjonctives qui s'infiltrent plus loin, en avant-coureurs, dans le thrombus. Elles sont toutes accompagnées d'une zone fuselée, teintée de rose par le colorant de Van Gieson.

Quant à l'adventice elle-même, elle est épaissie. On y constate un tissu conjonctif de plus en plus dense, à mesure qu'on approche du thrombus organisé. Il est bien vascularisé. La limitante élastique externe, entre l'adventice et le caillot sanguin, est passablement développée. Elle comprend une épaisse lamelle interne et plusieurs lamelles plus fines courant parallèlement à la première, extérieurement à celle-ci. En outre, quantité de fibres élastiques, en coupe perpendiculaire à leur axe, se montrent comme une série de points disposés les uns à côté des autres. Par places, la limitante élastique externe est creusée en forme de niches. A ces endroits, ses lamelles sont plus étroites, même complètement interrompues ; et l'on distingue, entre les deux extrémités normales, des restes de lamelles entourés de tissu conjonctif.

A d'autres places, les lamelles sont déchirées, soulevées et pénètrent dans la masse thrombosée, qui les enveloppe. On constate dans l'adventice une grande quantité de cellules conjonctives, parmi lesquelles on reconnaît des mitoses, signes de prolifération active. Ces mitoses se rencontrent dans le voisinage immédiat de la limitante élastique externe, surtout près des déchirures de ses lamelles élastiques. Dans les parties externes de l'adventice, on rencontre des nids de cellules rondes qu'un grossissement plus fort permet de reconnaître presque uniquement formés de plasmazellen.

Nous avons donc affaire, dans la paroi de l'anévrysme, à une prolifération des fibres conjonctives, au niveau de la limitante élastique externe surtout et dans la portion du thrombus adjacente à l'adventice. D'après *Marchand* (74), l'infiltration de petites cellules rondes est l'indice d'une abondante prolifération de tissu conjonctif comme il s'en produit dans les foyers d'inflammation chronique. C'est absolument ce que nous avons dans certaines parties du thrombus décrites plus haut et dans diverses portions de l'adventice, surtout au niveau des déchirures de la limitante élastique externe. On sait aussi que les plasmazellen ne se rencontrent que dans des foyers d'inflammation chronique.

Nous pouvons donc dire que nous avons affaire à une inflammation chronique, réaction de voisinage provenant de la présence du thrombus voisin. Cette réaction est un peu plus accentuée au niveau des déchirures des lamelles élastiques.

Si nous passons maintenant à l'examen des deux autres tuniques de l'artère, nous trouvons dans la moyenne une prolifération de tissu conjonctif. On n'y rencontre presque que des cellules conjonctives ; par ci, par là seulement, quelques fibres musculaires lisses enveloppées de tissu conjonctif. Nulle part d'infiltration de cellules rondes. Les éléments élastiques de la moyenne sont en diminution. La limitante élastique interne est intacte, fortement ondulée, sauf dans la portion où la tunique moyenne se rapproche de l'adventice et reprend contact avec elle. Là elle est déchirée par places, moins fortement colorée, et l'on rencontre dans les couches adjacentes une augmentation des lamelles élastiques.

Quant à la tunique interne, nous la trouvons épaissie, et

même passablement, par endroits. Cet épaississement provient de la multiplication de ses éléments propres, mais aussi d'une infiltration et d'une multiplication d'éléments conjonctifs plus forts, que ceux qui se trouvent normalement dans l'interne. Sur toute la partie épaissie, on ne retrouve plus d'endothelium, tandis qu'il est très bien conservé dans les segments à épaisseur normale. La tunique interne contient des lamelles élastiques secondaires, parfois fort nombreuses. Elles courent parallèlement à la limitante élastique interne et remplissent toute la tunique interne, jusqu'à la lumière primitive du vaisseau.

Nous constatons donc, contrairement à l'opinion qui avait été émise après l'examen macroscopique de l'anévrysme développé sur le parcours de l'artère mésentérique supérieure, que nous avons affaire ici à un anévrysme disséquant. Le sang s'est infiltré entre l'adventice et la tunique moyenne et englobe la lumière primitive de l'artère.

Examen microscopique de l'anévrysme de l'iliaque commune

Etudiant au point de vue macroscopique l'anévrysme de l'artère iliaque commune à droite, nous avons constaté déjà que les parois de l'artère paraissent flotter dans les masses thrombosées, remplissant l'anévrysme. Si nous examinons au microscope cette lamelle flottante nous voyons qu'elle est constituée par les tuniques interne et moyenne de l'artère primitive. Nos préparations présentent le même tableau que nous avons décrit déjà à propos de l'anévrysme de l'artère mésentérique supérieure : une couche externe formée de l'adventice épaissie ; une couche interne composée des tuniques interne et moyenne. Cette couche interne est, sur une portion de l'anévrysme, accolée à la couche externe, puis se soulève et vient former comme une cloison qui sépare l'anévrysme en deux parties inégales : l'une plus petite, l'artère ; l'autre plus grande, remplie de masses thrombosées, l'anévrysme proprement dit. Cette cloison ne traverse pas toute la cavité, mais flotte par son extrémité libre à l'intérieur de la dilatation.

Le dessin est du reste très différent, si l'on considère une des parois latérales de l'anévrysme, ou l'autre. La tunique moyenne est en effet restée unie à la paroi externe de l'anévrysme, de sorte qu'une préparation microscopique de la paroi interne — soit la plus rapprochée de l'axe du corps — ne montre une paroi formée que de l'adventice seule. La limitante élastique externe fait corps avec l'adventice et contre elle, viennent s'appliquer des masses thrombosées en voie d'organisation.

Si nous examinons, à un fort grossissement, l'adventice épaissie, nous remarquons, dans les couches les plus internes, une infiltration cellulaire considérable. A certains endroits, la limitante élastique externe est rompue et l'on voit ces cellules se disséminer dans la masse thrombosée, comme les eaux d'un fleuve envahiraient les prairies avoisinantes, après avoir rompu leur digue. Cette infiltration est constituée par des cellules très diverses. Nous trouvons des traînées de grosses cellules, à noyau un peu pâle — cellules du tissu conjonctif — au milieu desquelles les cellules émigrées du sang, reconnaissables à leurs noyaux fortement colorés, forment un pointillé plus sombre. Ces globules blancs sont : soit des lymphocytes avec leur masse protoplasmique formant une étroite zone autour du noyau, — noyau dont la chromatine prend une forme radiaire ; — soit surtout des polynucléaires. Parmi ces derniers beaucoup de cellules éosinophiles avec leur noyau en bissac et leur protoplasme garni de granulations rouges (coloration par l'éosine).

Ces cellules, surtout les polynucléaires, se retrouvent dans le thrombus, formé de masses de fibrine en lames concentriques, entre lesquelles se trouvent des globules sanguins. Même dans la partie du thrombus tout à fait rapprochée de la paroi de l'anévrysme, il n'y a presque pas de cellules conjonctives, encore moins de fibres, telles que nous les avions rencontrées dans le thrombus de l'anévrysme de la mésentérique supérieure.

Nous avons donc affaire, ici aussi, à un anévrysme disséquant où le sang, après avoir pénétré entre les tuniques moyenne et externe, les a fortement écartées l'une de l'autre. La masse thrombosée ne fait que commencer à s'organiser. Dans l'adventice elle-même au contraire, l'infiltration cellulaire est plus intense que dans la paroi de l'anévrysme de l'artère mésentérique, mais nous ne trouvons pas de plasmazellen dans les amas de cellules.

Ces deux faits : moindre organisation du thrombus, inflammation plus aiguë de l'adventice, nous font croire que l'anévrysme de l'artère iliaque commune est de formation plus récente que celui de la mésentérique.

Voyons maintenant les tuniques moyenne et interne. Nous trouvons la tunique moyenne formée encore d'une grande quantité de fibres musculaires, pourtant mêlées déjà à beaucoup de fibres conjonctives. Il y a aussi prolifération de cellules conjonctives, mais les noyaux des fibres musculaires sont encore très bien conservés. A d'autres places on trouve des amas de globules rouges, vraies hémorragies interstitielles. Mais nulle part, dans toute l'étendue de la moyenne, nous ne pouvons trouver d'infiltration de cellules rondes. La tunique moyenne est par contre fortement amincie par endroit, même presque totalement déchirée. Dans ces segments, les éléments musculaires et élastiques sont baignés dans du tissu conjonctif.

Quant au tissu élastique, en ce qui concerne la limitante élastique interne, elle est interrompue par places si ce n'est complètement, au moins en partie. Les lamelles excentriques surtout sont divisées, coupées par des solutions de continuité et semblent remplacées par des séries de lamelles plus minces, de fibres qui relient l'une à l'autre les deux extrémités séparées. Là où existe l'amincissement de la moyenne, quelques-unes des lamelles élastiques sont interrompues ; les autres suivent l'enfoncement, mais leurs fibres sont plus grêles.

Faiblement grossies, les lames de la limitante interne présentent, au lieu de leur aspect translucide ordinaire, des sections parfaitement opaques qui prennent très fortement l'haemalun. Avec un objectif plus fort on remarque, en certains endroits, comme un dépôt de petits granules, qui confluent ailleurs. Ils forment alors des masses parfaitement homogènes, comblant plus ou moins toute la lame élastique (voir Pl. V, fig. 1 et 2).

On reconnaît en effet, sur certaines coupes, que ces masses présentent des épaisseurs diverses, suivant le plan de mise au point de l'objectif. Dans d'autres parties de la préparation, les lamelles élastiques paraissent avoir éclaté, et ces masses homogènes et compactes se sont comme répandues au dehors, envahissant le tissu conjonctif. Elles forment alors de grosses plaques noirâtres auxquelles aboutit une lame élastique beaucoup plus étroite. Nous avons affaire à des débuts de calcification, qui se localisent surtout dans la limitante élastique interne et dans les fibres élastiques qui sont dans son voisinage immédiat.

Cette calcification est surtout apparente dans les segments de la paroi où la tunique moyenne est déchirée. On trouve autour de ces masses calcifiées plus de cellules rondes : cellules du tissu conjonctif, aussi bien que cellules émigrées du sang. Tout le tissu, environant les légers dépôts comme les plaques plus considérables, se colore très fortement en rouge par le liquide de Van Gieson, preuve d'une forte prolifération conjonctive.

A l'extrémité flottante de la cloison formée des deux tuniques moyenne et interne, la limitante élastique interne n'existe plus ; les fibres élastiques de la tunique moyenne sont en désordre, sans attaches avec leurs voisines, formant des amas par ci, par là se perdant au milieu de tissu musculaire et conjonctif. De profondes déchirures déchiquètent ce moignon, mais ces fentes sont bourrées de fines mailles de fibrine. Elles contiennent aussi des éléments constitutifs du sang.

Quant à la tunique interne, son endothelium a disparu en maints endroits. Elle est, dans ces segments, un peu déchiquetée, et des globules rouges viennent se nicher là, dans l'intérieur du tissu de l'intima. Certaines portions de la tunique interne sont fortement épaissies, et cela surtout aux endroits où la tunique moyenne est la plus mince ; on dirait que l'on a affaire à une hypertrophie de compensation.

Dans les segments cités plus haut, où la moyenne est déchirée, le tissu propre de l'interne, accompagné de fibres conjonctives, pénètre dans les interstices et réunit, comme d'une sorte de tissu cicatriciel, les lèvres de la plaie de la tunique moyenne. Les lamelles élastiques sont naturellement absentes de ce tissu néoformé. Mais on remarque sur les deux bords une prolifération de jeunes et fines fibrilles élastiques (voir Pl. V, fig. 3).

Examen microscopique de l'anévrysme de l'iliaque externe *(Pl. IV.)*

Venons-en à l'anévrysme de l'artère iliaque externe. Nous n'aurons pas besoin de nous arrêter aussi longtemps à sa description qu'à celle des deux précédents anévrysmes, car sa constitution microscopique est très semblable à la leur.

Des coupes ont été pratiquées en cinq endroits de l'anévrysme. Dans quatre d'entre elles la paroi propre de la cavité est formée par l'adventice seule. Trois de ces coupes montrent en outre, baignant dans la masse thrombosée, les tuniques moyenne et interne. Elles forment soit une anse incomplète, soit l'artère complète avec sa lumière — l'adventice exceptée cela va sans dire. La quatrième coupe montre l'adventice seule, sans trace des deux autres tuniques constitutives de l'artère, même nageant dans le thrombus. Dans la cinquième coupe les trois tuniques : adventice, moyenne et interne, sont unies sans qu'il se soit produit entre elles de pénétration sanguine.

Certaines préparations sont tout particulièrement intéressantes parce qu'on voit la moyenne appuyée à la limitante élastique externe et à l'adventice sur toute une partie de la préparation. Elle forme, avec l'interne, un ovale inscrit dans un autre ovale plus grand formé par l'adventice : la paroi proprement dite de l'anévrysme. Elle est tangente à sa surface interne. Les angles ainsi formés sont remplis de sang thrombosé.

Si nous examinons l'une après l'autre chacune des tuniques artérielles, nous remarquons que l'adventice y est moins fortement épaissie que dans l'anévrysme de la mésentérique supérieure. On ne constate dans la partie toute voisine de la limitante élastique externe qu'une prolifération assez légère de cellules conjonctives. L'infiltration de cellules rondes, contenant les mêmes cellules déjà décrites plus haut à propos des autres anévrysmes, est très faible, presque nulle par place.

Dans la tunique moyenne on rencontre une forte diminution du tissu musculaire ; par contre augmentation du tissu conjonctif et prolifération de ses cellules. On ne saurait voir la moindre infiltration de cellules rondes.

Par place la tunique interne est un peu épaissie, mais à un degré beaucoup moindre que l'interne dans l'artère iliaque commune. On constate une certaine infiltration de cellules rondes dans ses couches périphériques. Les parties épaissies contiennent une prolifération des éléments propres de l'interne. L'endothelium, reconnaissable par places, est absent dans une grande partie de la préparation.

Quant au tissu élastique, nous trouvons la limitante élastique externe demeurée attachée à l'adventice. Comme dans l'anévrysme de la mésentérique supérieure, ses lamelles sont par endroits interrompues, mais nulle part elles ne forment de petites excavations comme dans la dilatation que nous venons de citer. Dans la tunique moyenne nous trouvons calcifiées certaines portions de lamelles de la limitante élastique interne, ainsi que quelques fibres élastiques. Les îlots dégénérés sont tout entourés de tissu conjonctif. Comme dans la limitante élastique externe, la lamelle intérieure de la limitante élastique interne est interrompue et montre des solutions de continuité. Dans les segments épaissis de la tunique interne au contraire, la limitante élastique interne est souvent jusqu'à quintuplée. Il existe ailleurs des soulèvements de la tunique interne et une infiltration de globules sanguins qui pénètrent jusqu'à la limitante élastique interne, elle-même détruite. Ces interstices livrent passage à du sang qui s'infiltre jusque dans les couches les plus internes de la tunique moyenne.

Examen microscopique des anévrysmes du foie

Nous avons constaté lors de la description macroscopique du foie, que l'anévrysme situé sur la branche de bifurcation gauche de l'artère hépatique n'est séparé du hile que par une paroi fibreuse.

Si nous faisons une préparation microscopique de cette cloison inférieure, un peu plus haut, à l'endroit où l'anévrysme est logé tout entier dans le parenchyme du foie, nous remarquons, en allant du centre à la périphérie, la disposition suivante dans les couches de la paroi : tout d'abord une surface très déchiquetée formée de masses thrombosées, présentant une infiltration de cellules rondes. Entre les masses de fibrine, de grands amas de globules rouges, puis un commencement d'organisation : des cellules conjonctives, une prolifération du tissu conjonctif. Ce dernier devient toujours plus épais, quoiqu'encore déchiqueté par places, coupé de nids et de traînées de cellules rondes.

En se rapprochant du parenchyme du foie, on constate que le tissu conjonctif est mêlé de fibres élastiques, comme on les trouve dans l'adventice d'une artère. Ce ne sont pas des lamelles, mais des fibres coupées tantôt perpendiculairement, tantôt parallèlement à leur axe. On rencontre, dans toute l'épaisseur, des capillaires néoformés. Les amas de cellules rondes contiennent ici plus de leucocytes que dans les anévrysmes dont nous venons de décrire la constitution microscopique : polynucléaires, surtout dans les portions avoisinant la cavité de l'anévrysme ; lymphocytes, quand on se rapproche du parenchyme du foie ; au milieu de ces derniers quelques plasmazellen.

Si nous examinons un autre segment de la paroi de cet anévrysme, c'est la même chose ; tout au plus, de certains côtés, l'organisation de la masse thrombosée est-elle moins avancée. La couche fibreuse est parfois plus étroite, mais elle présente un aspect plus solide avec ses nombreuses lamelles de tissu conjonctif disposées parallèlement. Quant au tissu élastique, il est partout en quantité bien minime.

Les lamelles élastiques, qui formaient dans les autres anévrysmes une vraie limitante externe, ont ici disparu. Il est vrai que nous avons affaire à des artères dont la constitution histologique n'est plus celle des artères moyennes, comme la mésentérique supérieure par exemple. On ne trouve plus dans ces artères qu'un fin réseau de fibres élastiques, présentant une direction longitudinale dans les couches profondes, circulaire dans les couches superficielles.

Quant à notre anévrysme, on découvre dans un très court segment, entre l'adventice et le thrombus, une couche formée de tissu conjonctif, contenant encore quelques rares fibres musculaires lisses. Cette couche, contrairement à l'adventice ne contient plus de fibres élastiques.

On tombe ensuite, en allant du côté central, sur une épaisse lamelle élastique ondulée. Elle est segmentée du reste et accompagnée du côté du thrombus par de plus fines lamelles réunies par des fibres élastiques. Une couche de fines fibres conjonctives sépare cette couche élastique du thrombus. Toute une portion de ce segment est infiltrée de globules rouges.

Tout à l'angle de la préparation, presque englobées dans la masse thrombosée, plus centrales encore que les détails que nous venons de décrire, on remarque deux couches parallèles de fines fibres conjonctives, entre elles une petite fente puis de nouveau un segment d'une lame élastique ondulée. On ne peut la poursuivre bien loin, car elle se perd rapidement dans le thrombus.

Il y a d'autres parties de l'anévrysme où le thrombus s'appuie presque directement au parenchyme. Seule une lame de tissu conjonctif, que l'on ne saurait reconnaître pour l'adventice, établit une limite entre le tissu propre du foie et la masse sanguine thrombosée. Du reste cet épais thrombus est déjà fort avancé dans la voie de l'organisation : on y constate un tissu conjonctif, lâche à la vérité, mais par endroits déjà très homogène.

Ailleurs au contraire, ce ne sont que traînées conjonctives, formant une sorte de réseau à mailles plus ou moins grandes. Dans ces mailles, comme placés sur une claie de plus fines fibrilles, les restes du thrombus : réseau de fibrine, globules rouges pénétrés d'une nuée de cellules rondes. Ces cellules rondes sont : des leucocytes polynucléaires en petite quantité, des lymphocytes et surtout des cellules du tissu conjonctif.

A la partie toute périphérique du thrombus, entre lui et la lame conjonctive qui le sépare du parenchyme, s'est produit, probablement après coup, un nouvel épanchement sanguin. Là, nous remarquons en effet un réseau de fibrine d'un tout autre caractère. Il est beaucoup plus net, contient très peu de fibres conjonctives, par contre une quantité de cellules conjonctives, de ces cellules étoilées ou fusiformes, qui semblent sortir de la lame conjonctive à la frontière du parenchyme.

On trouve peu de capillaires néoformés dans toute l'étendue du thrombus en organisation, mais il semble s'être produit à plusieurs endroits des extravasations sanguines secondaires entre les fibres conjonctives néoformées.

Si nous passons à l'anévrysme de la branche de bifurcation droite de l'artère hépatique, nous ne découvrons nulle part de tunique interne. La masse thrombosée s'appuie partout directement à l'adventice accompagnée de restes de la tunique moyenne.

Nous n'avons pas affaire ici à une adventice transformée, tout infiltrée de cellules rondes, comme celle que nous avons trouvée dans l'anévrysme du lobe gauche, mais à une adventice à peu près normale. Elle est un peu épaissie, cela va sans dire, le tissu conjonctif y a aussi quelque peu proliféré, mais elle contient ses fibres élastiques ordinaires. Les lamelles élastiques forment presque une couche différenciée comme la limitante élastique externe des plus grosses artères. Elles sont parfaitement reconnaissables, presque partout intactes, sauf aux endroits où le thrombus arrive jusqu'à elles. Là elles se trouvent un peu déchirées et infiltrées de globules rouges.

La masse thrombosée est loin d'être aussi avancée dans la voie de l'organisation que ne l'était le thrombus de l'anévrysme de la branche gauche de l'artère hépatique. Nous rencontrons, par places seulement, quelques cellules et quelques fibres du tissu conjonctif. Elles sont difficiles du reste à séparer et à distinguer de la prolifération conjonctive qui siège dans les portions de la tunique moyenne demeurées adhérentes à la limitante élastique externe. Cet anévrysme, d'après sa constitution microscopique, est certainement de date plus récente que celui de la branche gauche de l'artère hépatique.

Examen microscopique du parenchyme

A l'examen microscopique de la fente produite dans le parenchyme, dans le voisinage de l'anévrysme du lobe gauche, on reconnaît que l'épanchement de sang a dû se produire peu de temps avant la mort de l'individu. Nous trouvons en effet les deux lèvres de la plaie infiltrées de cellules rondes — en majorité des leucocytes polynucléaires et des lymphocytes ; les capillaires sanguins, entre les travées du parenchyme, sont gorgés de globules rouges, de sorte qu'on a un peu de peine à bien distinguer les cellules du parenchyme, les noyaux de ces cellules sont presque partout bien colorés, nous n'avons aucun commencement de dégénérescence. Par places pourtant il semble y avoir un petit début de nécrose dans ces cellules : on reconnaît à peine les noyaux dans les travées, l'invasion des leucocytes est là aussi plus forte qu'ailleurs. Dans le tissu conjonctif interlobulaire, surtout des lobules qui avoisinent l'épanchement sanguin, on remarque une infiltration de cellules rondes. Des lymphocytes semblent être amenés en masse, par les branches de la veine porte. Cette infiltration cellulaire est donc surtout interlobulaire encore.

Si nous examinons le parenchyme du foie autour de l'anévrysme du lobe gauche, nous constatons que le tissu conjonctif circonscrit complètement les lobules et les pénètre aussi. On n'a plus par places que des îlots de parenchyme enveloppés de fibres conjonctives, au milieu desquelles on constate de nombreuses proliférations de canalicules biliaires. Par endroits, les travées sont amincies, tout atrophiées, les noyaux de leurs cellules se colorent encore, mais sont moins nombreux que dans un foie normal. Ailleurs se rencontrent de grosses cellules presque solitaires au milieu du tissu conjonctif ; leur noyau est gros, fortement coloré. Les lymphocytes envahissent non seulement les capillaires sanguins, mais aussi les travées et le tissu conjonctif. Ils sont répandus partout sans former jamais à l'intérieur du parenchyme, de petits amas, plus ou moins circonscrits.

Nous avons donc deux images : par places celle de la cirrhose interlobulaire, avec ses lobules encore dessinés et environnés de tissus conjonctifs, sa prolifération de canalicules biliaires ; ailleurs, c'est le tableau de la cirrhose intralobulaire, avec ses nids de cellules du foie, parfois hypertrophiées, ses travées de parenchyme isolées, perdues dans le tissu conjonctif. La plus grande partie du dessin est bien celle de la cirrhose intralobulaire.

L'image n'est point la même autour de l'anévrysme de la branche droite de l'artère hépatique. On y remarque bien une légère infiltration de cellules rondes, mais on ne saurait constater de prolifération de tissu conjonctif, pas plus du reste que dans le reste du parenchyme du foie, dont nous avons déjà parlé à propos de la déchirure produite par l'épanchement sanguin.

Foyer d'infarctus

Nous avons décrit lors de la description macroscopique du foie, le ratatinement de la moitié antérieure du lobe gauche du foie et son occupation par un infarct blanc dont le sommet correspond à l'anévrysme de la branche gauche du foie.

Si nous examinons au microscope cette portion du parenchyme, nous constatons de gros foyers où l'on peut reconnaître encore la forme des lobules ; le dessin des travées existe aussi, mais aucun noyau ne paraît se trouver dans cette partie du parenchyme. Les travées sont formées par une matière, qui paraît parfaitement homogène — on dirait les travées de fibrine d'un thrombus. — Elle est formée en réalité — un objectif plus fort permet de s'en rendre compte — par un tissu assez finement granuleux, dans lequel on reconnaît encore le contour des cellules. Parfois même on devine la forme d'un noyau. Dans les capillaires, quelques leucocytes polynucléaires ou quelques lymphocytes. Par places, ils sont bourrés d'une masse un peu plus claire que celle des travées et qui paraît être formée de globules rouges déformés et décolorés.

Entre ces foyers nécrosés, les enveloppant, existe un tissu où pullulent les lymphocytes. On reconnaît dans cette masse beaucoup de tissu conjonctif avec une forte prolifération de ses cellules. Des canalicules biliaires néoformés sont répandus partout. Quelques cellules isolées du parenchyme, parfois des travées entières, des lobules même se reconnaissent. Les noyaux de leurs cellules sont fortement colorés. Les capillaires sanguins sont gonflés de globules rouges, qui forment même par place de vraies hémorragies interstitielles.

On ne remarque dans toute la coupe qu'un seul endroit où les lymphocytes soient amoncelés formant une masse assez bien circonscrite. On serait tenté de la prendre pour une gomme syphilitique. Mais c'est le seul exemple de ce genre que nous ayons pu trouver dans toutes les préparations que nous avons faites du foie. En outre aucune artère ne présente de lésions un tant soit peu semblables à des lésions d'artérite syphilitique. Le foie ne porte aucune cicatrice, le reste du corps paraît lui aussi n'avoir aucune tare qui puisse être rapportée à cette maladie.

Nous avons donc affaire à des foyers d'infarct blanc environnés de parenchyme, présentant les symptômes d'une inflammation. Ce parenchyme est aussi atteint d'une forte cirrhose interlobulaire, beaucoup plus caractéristique ici que celle que nous avions constatée autour de l'anévrysme qui occupe, dans ce même lobe gauche, le trajet de la branche de bifurcation gauche de l'artère hépatique.

Du reste les transformations cirrhotiques dont nous venons de parler ne sont que des transformations histologiques siégeant surtout autour de l'anévrysme du lobe gauche et aux environs de l'infarct blanc. Ces transformations ne se généralisent pas. On ne saurait donc en aucun cas faire de cet organe, qui ne présente pas de transformations macroscopiques, un foie cirrhotique.

DISCUSSION

Discussion de l'examen pathologique

L'analyse des préparations microscopiques des anévrysmes des artères iliaques commune et externe du côté droit nous autorise donc à confirmer le diagnostic d'anévrysmes disséquants.

C'est au même résultat que nous arrivons pour l'anévrysme de l'artère mésentérique supérieure.

Nous avons rencontré trois figures à peu près semblables : les tuniques moyenne et interne forment un tout présentant par endroits, avec la tunique externe les mêmes rapports que dans l'artère normale ; la plupart du temps pourtant, elles sont détachées de l'élastique externe par des masses de sang thrombosé qui forment coin entre les deux. La plus grande partie des parois de ces anévrysmes était composée de l'adventice seule, fortement épaissie.

Les anévrysmes du foie sont bien loin de présenter un type aussi schématique. Leurs parois sont à la vérité formées presque partout par l'adventice, et la plus grande partie des préparations n'offre pas la moindre trace de tunique moyenne ou interne, sauf dans un court segment de l'anévrysme de la branche de bifurcation gauche de l'artère hépatique. Nous avons, déjà plus haut, décrit en détails ce que nous avions vu (pages 38 et 39). Nous croyons avoir affaire là à la tunique moyenne accompagnée de restes de la limitante élastique interne et d'une partie au moins de l'endartère. Voici quelles sont nos raisons pour cela :

Tant que nous avons affaire à l'adventice, dans la préparation dont nous parlons ici, cette couche, essentiellement formée de tissu conjonctif, contient nombre de petites fibres élastiques coupées soit obliquement, soit perpendiculairement à leur axe ; nous passons ensuite à une couche formée en majorité de fibres conjonctives. La coloration employée pour cette préparation n'est pas celle de Van Gieson. Elle ne permet donc pas de distinguer, sans erreur aucune, les fibres musculaires lisses des fibres du tissu conjonctif, d'autant plus que cette couche est fortement infiltrée de globules rouges. La couche, qui fait suite à l'adventice, ne contient pas de fibres élastiques. Elle s'appuie à une lame élastique assez épaisse qui se présente à moitié de champ. On constate très nettement dans cette lame la présence de fenêtres plus ou moins grandes, telles que les auteurs en décrivent dans la limitante élastique interne. Cette lame est très ondulée. Elle est segmentée, mais ces segments sont très rapprochés les uns des autres, ils sont placés presque bout à bout et l'on peut constater leur présence sur l'espace d'un millimètre environ.

Si nous avions affaire à l'adventice nous ne trouverions pas une couche de cette tunique absolument dépourvue de fibres élastiques. Nous savons d'autre part que l'on ne saurait trouver, dans les petites artères, une limitante élastique externe bien définie.

La limitante élastique externe, même dans les artères moyennes, n'est formée que de lamelles élastiques placées parallèlement et seulement plus serrées les unes contre les autres, quand on approche de la moyenne, que dans le reste de l'adventice. Ce n'est que par analogie avec la limitante élastique interne, formée d'une lame élastique fenestrée bien définie, que certains auteurs emploient ce terme de limitante élastique externe. Du reste la tunique externe des petites artères ne contient en fait de tissu élastique que de fines fibrilles courant parallèlement à l'axe de l'artère dans les couches profondes, n'étant que circulaires dans les couches les plus externes. Nous appuyant sur ces faits nous croyons que la lame élastique que nous avons décrite est bien une partie de la limitante élastique interne de la branche gauche de l'artère hépatique, limitante interne partout ailleurs disparue.

Nous avons décrit entre cette lame et la masse thrombosée une nouvelle petite couche, qui ressemble beaucoup à l'endartère de la tunique interne. Elle contient elle aussi deux lamelles élastiques plus minces que la lame ci-dessus décrite et qui paraissent être des limitantes internes secondaires, telles qu'on les trouve, dans l'artériosclérose, dans la tunique interne. Quant à ce retour sur elle-même de la limitante interne que nous avons cru voir, circonscrit-il vraiment la lumière primitive de l'artère, une lumière qui serait bordée par une tunique interne très légèrement épaissie, mais ayant perdu son endothelium ? C'est difficile à préciser, d'autant plus que, rapidement, cette petite couche qui pourrait être l'interne revenue sur elle-même, se perd dans la masse du thrombus, dont les globules rouges recouvrent déjà par places les couches que nous venons de décrire.

La paroi de l'anévrysme plus petit, situé sur la branche droite de l'artère hépatique, n'est formée partout que de l'adventice épaissie ; nous n'avons pu trouver ni tunique moyenne, ni tunique interne. Ici, nulle part l'adventice n'était atteinte.

Cet anévrysme possède du reste, le long de ses parois, des masses thrombosées moins épaisses, surtout moins infiltrées de cellules rondes. Certaines parties de l'adventice de l'anévrysme du lobe gauche montraient un état d'inflammation que nous ne constatons pas dans les parois de la dilatation de la branche de bifurcation droite de l'artère hépatique. Aussi n'est-ce pas cet anévrysme qui a été cause de la mort, mais bien celui où l'adventice avait été atteinte aussi bien que les deux tuniques moyenne et interne. C'est ce que nous avons constaté dans certaines parties de l'anévrysme du lobe gauche du foie.

Nous avions décrit en effet des endroits où la cavité de l'anévrysme n'était séparée du parenchyme que par quelques lames conjonctives, contre lesquelles venait s'appuyer la masse thrombosée en voie d'organisation. Il est probable que la fente qui, peu d'heures avant la mort, alla de la cavité dans le parenchyme dût avoir pour cause la déchirure de cette mince paroi conjonctive. Le sang n'ayant plus pour barrière que le parenchyme bien moins résistant que du tissu conjonctif, brisa les cloisons fragiles que forment les travées et pénétra de l'anévrysme dans le foie. Il ne s'arrêta qu'une fois que, par son expansion même, sa pression se fût abaissée à tel point qu'elle ne faisait plus qu'égaler la résistance du parenchyme.

A quel genre d'anévrysmes avons-nous affaire dans le foie ? La constitution des parois que nous montrent les préparations microscopiques ne ressemble pas à celle des anévrysmes des artères mésentérique et iliaque. N'aurions-nous pas pourtant bel et bien affaire ici à des anévrysmes, dont le début aurait été pareil à celui des anévrysmes disséquants qui occupent la paroi antérieure de la colonne vertébrale ? Il serait curieux que l'on rencontrât dans le même organisme des anévrysmes, dont le début tout au moins n'eût pas été semblable. Qu'ils se soient développés diversement, de telle sorte que nous ayons maintenant des formes anatomiques se présentant différemment, cela serait tout à fait possible et tiendrait aux espèces des artères atteintes.

Les artères iliaques commune et externe ainsi que l'artère mésentérique appartiennent en effet à la classe des artères de calibre moyen à type musculaire, se rapprochant même des artères de gros calibre, à type élastique. Les branches de bifurcation de l'artère hépatique sont, elles, des artérioles.

La différence essentielle entre ces diverses classes d'artères provient de la présence plus ou moins accusée de tissu élastique dans leurs parois. Dans les artères à gros calibre ce sont les éléments élastiques qui, dans la tunique moyenne, prédominent sur les éléments musculaires ; dans les artères à calibre moyen les fibres musculaires au contraire l'emportent sur le tissu élastique. Les fibres élastiques existent encore et forment un réticulum dans les mailles desquelles se trouvent les éléments musculaires ; mais ce ne sont plus des lames élastiques concentriques, laissant peu de place aux éléments musculaires, comme nous les rencontrons dans la tunique moyenne des artères à gros calibre. L'adventice de ces deux types d'artères présente des différences moins marquées ; dans tous deux les lamelles élastiques sont très nombreuses et se resserrent dans le voisinage de la tunique moyenne, formant une limitante élastique externe.

Les artérioles ont une constitution anatomique très différente. Dans la tunique moyenne les éléments élastiques font défaut. On ne trouve plus entre les tuniques moyenne et interne que la limitante élastique interne, seule représentante du tissu élastique. Dans l'adventice, plus de lamelles élastiques, partant plus de limitante élastique externe ; seulement quelques fibres circulaires ou longitudinales.

N'est-ce pas la présence du tissu élastique dans toutes les tuniques artérielles qui permet la dissection des parois comme nous la trouvons dans les anévrysmes de la mésentérique supérieure et des iliaques commune et externe ? C'est lui qui donne aux diverses couches la résistance nécessaire afin qu'elles ne soient pas désagrégées par le passage du sang. Il a fallu naturellement la rupture des éléments élastiques à un endroit donné. Nous verrons plus loin, en parlant de l'étiologie des anévrysmes de l'artère hépatique, à quoi nous pouvons attribuer la cause de ces points de moindre résistance. Cette rupture une fois produite, les éléments élastiques demeurant ailleurs à leur état antérieur opposent une résistance telle, que le sang ne peut désagréger les couches artérielles mais doit s'infiltrer entre elles, les laissant à peu près intactes.

Il en est tout autrement avec les artérioles.

Une fois la limitante élastique interne rompue, en un point quelconque de la paroi, plus rien ne sert de digue à l'envahissement progressif du sang. Non seulement il s'infiltre entre les tuniques, mais entre les divers éléments composant ces tuniques. Comme il n'y a plus de mailles élastiques pour retenir les fibres musculaires et conjonctives, le sang dissocie les éléments, les désagrège. Des tuniques moyenne et interne il ne reste plus guère que la limitante élastique interne, à laquelle sont restés attachés quelques éléments constitutifs de ces deux couches. A notre avis, ce serait là l'explication de cette portion de limitante élastique interne que nous avons rencontrée dans l'anévrysme du lobe gauche du foie.

L'adventice elle-même ne saurait plus opposer de barrière au courant sanguin : il n'y a plus de limitante externe; il n'y a plus de lamelles élastiques, il n'existe que des fibres dissociables, sans relations intimes les unes avec les autres. C'est ainsi que dans nos anévrysmes des branches de l'artère hépatique, l'adventice elle-même est infiltrée de sang ; nous ne la reconnaissons que par endroits. Elle est bien loin de fournir l'image du barrage que donne la tunique externe, que nous avons retrouvée partout dans les anévrysmes de la mésentérique et des iliaques. Là, la limitante élastique externe restait, presque partout, intacte. Par places seulement, nous avons signalé de petites cavités, de petits golfes, qui s'étaient formés aux endroits de moindre résistance de la limitante externe.

Admettons que notre malade eût vécu plus longtemps, ces petites anses se seraient agrandies, le tissu des lames élastiques toujours plus atteint aurait cédé, alors le sang se serait infiltré entre les couches de l'adventice, comme il avait pénétré au début entre les tuniques de l'artère. Mais là encore, toujours, le courant sanguin aurait rencontré de nouvelles lamelles, le sang aurait glissé le long des lames élastiques, l'adventice ne se serait pas désagrégée comme dans les anévrysmes du foie. A l'intérieur des anévrysmes disséquants il se serait plutôt formé de nouvelles dissections. Nous aurions trouvé, comme nous l'avons signalé du reste dans la cavité qui se trouvait sur le parcours de l'artère mésentérique, des lamelles élastiques, naviguant de leur extrémité libre dans la masse thrombosée, mais restant encore par l'autre bout en relation avec l'adventice.

Les anévrysmes des branches de l'artère hépatique ont donc probablement débuté comme ceux des autres artères, mais la constitution même des parois de ces branches terminales, n'a pas permis que la dilatation se développe en anévrysme disséquant. Au lieu de disséquer, le sang a désagrégé. L'irritation plus forte des tissus les a excités à plus de résistance. C'est pourquoi nous trouvons les parois des anévrysmes du foie tellement plus infiltrées de cellules que celles des autres anévrysmes. C'est pourquoi nous y découvrons tellement plus de néoformations conjonctives. C'est pourquoi enfin la constitution première de l'adventice n'est plus même à reconnaître.

Nous pouvons donc dire que les anévrysmes du foie auraient été des anévrysmes disséquants si les artères atteintes n'avaient été des artérioles.

Discussion des symptômes présentés par notre malade

Comparons maintenant l'histoire de notre malade avec les anamnèses des divers cas d'anévrysmes de l'artère hépatique cités dans la littérature.

H. B., charpentier de son état, meurt à 38 ans. Sur les 42 malades[1] atteints nous trouvons, pour les deux sexes, les proportions suivantes :

Femmes	8
Hommes	30
Inconnus	4

ayant respectivement les âges suivants :

HOMMES

de 10 à 20 ans.....	6
de 21 à 30 ans.....	9
de 31 à 40 ans.....	6
de 41 à 50 ans.....	3
de 51 à 60 ans.....	4

FEMMES

de 21 à 30 ans.....	1
de 31 à 40 ans.....	3
de 41 à 50 ans.....	2
de 51 à 60 ans.....	0
de 61 à 70 ans.....	2

Cette donnée nous manque dans 6 cas, dont l'un ne porte que la mention : Homme jeune !

1 Dans tout ce qui concerne la statistique des anévrysmes de l'artère hépatique, nous ferons figurer notre cas, parmi les chiffres cités.

Le malade le plus jeune (10 ans), comme la malade la plus âgée (69 ans), nous sont signalés par *Bickardt* et *Schumann* (39). On trouve à l'autopsie de l'un comme de l'autre un anévrysme parasitaire, comme nous l'avons indiqué déjà dans notre historique.

Si nous revenons à l'anamnèse de notre malade nous voyons que nous ne pouvons tirer de son histoire de conclusions bien précises, d'autant plus qu'aucun status n'a été fait, pendant tout le cours de sa maladie, sauf quelques jours avant sa mort, au moment de son entrée à l'hôpital. La chose qui frappe le plus dans cette anamnèse, ce sont ces douleurs terribles dont le patient se plaint, et qu'il localise dans l'abdomen, surtout à droite, et dans les lombes. Nous constatons aussi des symptômes de catarrhe stomacal. Voyons si certains de ces symptômes peuvent s'expliquer par des trouvailles faites à l'autopsie.

La discussion à distance, comme celle que seule nous pouvons faire, ne permet que des hypothèses ; ainsi ne nous semble-t-il pas possible d'expliquer par les anévrysmes des iliaques commune et externe droites, les œdèmes des membres inférieurs, qui sont probablement plutôt le fait de thromboses des veines. Il n'en est pourtant pas tout à fait de même avec les douleurs. Elles furent le symptôme le plus pénible, celui du reste qui force le malade à arrêter tout travail. Ces douleurs paraissent avoir été paroxystiques.

Elles ne semblent pas avoir été, dans notre cas, en connexion avec les anévrysmes des branches de l'artère hépatique. Le foie est en effet diminué de volume, sa capsule est donc un peu plus lâche: les douleurs n'ont probablement pas pu provenir de la tension de cette capsule. Nous ne saurions du reste rien affirmer, car nous ne connaissons pas la pression moyenne du sang du vivant du malade, et c'est là une donnée importante si l'on veut déterminer la tension de la capsule de Glisson.

Les douleurs paraissent plutôt provenir de l'anévrysme de l'artère mésentérique supérieure. Etant donné sa position, il devrait comprimer le ganglion semi-lunaire droit ! Peut-être y eut-il aussi compression des filets du sympathique par les anévrysmes des iliaques commune et externe droites ! Ce qui nous fait penser que c'était ces anévrysmes qui étaient cause des douleurs, c'est que ces douleurs rayonnaient jusque dans les lombes, comme lors d'anévrysmes de l'aorte abdominale par exemple. Il y eut probablement aussi une certaine compression de la colonne vertébrale, quoiqu'aucune lésion n'ait été constatée à son niveau lors de l'autopsie.

C'est peut-être aussi la compression du pneumogastrique droit par l'anévrysme de l'artère mésentérique supérieure, qui fut la cause des troubles gastriques du début. Mais on peut penser que ces troubles provenaient de l'état général qu'avait amené le catarrhe bronchique chronique, dont on ne parle pas à l'autopsie, mais qui a dû certainement être la cause de la toux et de l'expectoration dont le malade a souffert pendant sa vie. Relevons encore la constipation opiniâtre de la fin, à mettre certainement en relation avec la thrombose de l'anévrysme de l'artère mésentérique supérieure et les thromboses retrouvés dans les artères du mésentère.

Le 28 février 1907 le malade a un premier collapsus, dont il se relève lentement. Il est peu probable que seule la déchirure du foie et l'hémorragie consécutive, à l'intérieur du parenchyme, pût en être cause. Il s'est agi là probablement d'une première rupture de l'anévrysme avec épanchement de sang dans la cavité abdominale. Du reste l'examen microscopique de la déchirure du foie montre que nous avions évidemment affaire à une déchirure plus récente. Elle a eu lieu le jour avant la mort en même temps que la seconde hémorragie intraabdominale, probablement.

Discussion des symptômes cités dans la littérature

Il manquait donc à notre cas deux symptômes très importants signalés dans beaucoup de cas d'anévrysmes de l'artère hépatique, à côté des douleurs ; ce sont l'ictère et les hémorragies provenant de rupture de la dilatation.

La rupture de l'anévrysme est de règle, soit qu'elle se produise au cours de la maladie, et soit suivie d'hémorragies par la bouche ou par l'anus, suivant l'endroit de perforation ; soit que la mort provienne directement d'une rupture de l'anévrysme dans la cavité péritonéale. Nous constatons en effet dans les 42 cas publiés jusqu'ici, et donnant un total de 53 anévrysmes, que la rupture de la dilatation se produisit 33 fois. Ces ruptures se répartissent de la façon suivante :

Rupture dans la cavité abdominale		15 fois
Rupture dans la vésicule biliaire		5 »
Rupture dans les canaux biliaires		9 »
soit : canal hépatique	5 fois	
canal cystique	1 »	
canal cholédoque	2 »	
canalicule biliaire	1 »	
Rupture dans l'estomac		1 »
Rupture dans le duodenum		2 »
Rupture dans la veine porte		1 »

Les auteurs trouvèrent 16 anévrysmes intacts, mais 10 fois ces dilatations coexistaient avec d'autres dont la rupture avait amené la mort du malade. Quatre fois nous n'avons pu trouver d'indications.

Si nous lisons les histoires des malades, nous trouvons que 16 fois les patients présentèrent soit du mélæna, soit des hématémèses. Il s'agit toujours de cas où l'autopsie démontra la rupture de l'anévrysme, soit dans la vésicule ou les canaux biliaires, soit dans une partie du tube digestif. Une seule fois, dans le cas de *Niewerth*, la rupture dans la vésicule biliaire ne donna lieu à aucune émission sanguine per os ni per anum. La vésicule biliaire se rompit en effet et répandit son contenu dans la cavité abdominale, ce qui fut la cause déterminante de l'opération dont nous parlons dans notre historique.

Dans le cas de *Sommer* (30), il y eut rupture secondaire de l'anévrysme dans la cavité abdominale, après qu'une rupture précédente dans le duodenum ait donné lieu à du mélæna. Dans ce cas comme dans celui de *Quincke*, on trouva dans les selles des coagula présentant l'impression des valvules conniventes.

Dans le cas de *Sachs* (20), que nous n'avons pas compté dans le chiffre que nous venons de citer, il y eut bien des hématémèses, mais elles avaient pour cause la rupture d'une varice des veines stomacales. L'anévrysme lui-même, qui perfora dans la veine porte, n'avait fait aucun symptôme pendant la vie.

Indirectement pourtant, l'anévrysme a pu être la cause des vomissements de sang. Nous avons affaire en effet dans ce cas à un anévrysme artério-veineux, avec interposition de deux sacs communiquants, entre l'artère et la veine. La formation de la varice à l'endroit de communication de la veine porte avec les sacs remplis de sang artériel, est probablement secondaire à la perforation. Nous savons que la formation de varices secondaires est un résultat de l'anévrysme artério-veineux. Les dilatations des veines de l'estomac sont probablement de même origine. Du reste la veine splénique était thrombosée, car l'anévrysme artério-veineux comprimait la veine en cet endroit. La varice de l'estomac étant située tout près du cardia, on peut très bien comprendre que la thrombose, obstacle à la circulation vers la veine porte, ait été une cause adjuvante à la formation des varices des veines stomacales.

Quant à l'ictère il est signalé 19 fois au cours des observations. *Grünert* le regarde comme un des symptômes les plus importants. Il admet que le seul fait d'un ictère suivant une maladie infectieuse, doit suffire pour faire poser, avec beaucoup de probabilité, le diagnostic d'anévrysme de l'artère hépatique. Le cas de *Grünert* ne présentait en effet, ni douleurs, ni mélæna, ni hématémèses. L'ictère était un ictère par obstruction, les selles étaient totalement décolorées. « Il faut encore, dit l'auteur, que l'ictère soit chronique, ne se laisse aucunement influencer par les moyens thérapeutiques employés. Il ne doit pas exister de cachexie rapide, qui dirigerait nos pensées plutôt du côté de quelque tumeur maligne. Les douleurs paroxystiques et les hémorragies ne donneront alors que plus de sûreté à notre diagnostic. » L'ictère par obstruction est en effet le symptôme le plus important, sans lequel il est presque impossible d'arriver au diagnostic.

Jusqu'à présent, en effet, jamais le diagnostic exact n'a été posé avant l'opération, ou l'autopsie. Les 9 cas parus depuis *Grünert* ne sont pas plus probants à cet égard. Un seul ressemble énormément à celui de *Grünert*, c'est celui de *Schupfer-Alessandri* (35). Au 12e jour d'une pneumonie, le malade prend un teint ictérique. Cet ictère dure plus de trois mois avec de légères rémissions ; les fèces sont décolorées. Pendant le cours de son ictère le malade a du mélæna à différentes reprises. On décide une opération chirurgicale pour tâcher d'éloigner la cause de l'occlusion des voies biliaires, qu'on ne précise du reste pas autrement. A l'ouverture de la vésicule biliaire, flot de sang artériel : tamponnement ; l'opération est interrompue, et le malade meurt deux jours plus tard, après de nouvelles selles sanglantes. L'anévrysme de la branche droite de l'artère hépatique, de la grosseur d'un œuf de poule, communiquait avec le canal cystique, sur toute sa longueur, jusqu'à sa réunion avec le canal hépatique. Il n'y a pas eu de douleurs dans ce cas. Dans le cas de *Schultze* (34) on retrouve la triade : douleurs, ictère, hémorragies. Mais sauf ces deux cas cités depuis 1903, les autres ne présentent pas d'ictère.

Le symptôme qui retient presque toujours l'attention, est celui de douleurs accompagnées de phénomènes gastriques : vomissements, avec ou sans hématémèses. Un symptôme que seul avant *Grünert, Irwine Pearson* avait relevé, c'est celui de tuméfaction à l'épigastre avec sensation de pulsation. Cette sensation de pulsation disparaît du reste dans le cours de la maladie du patient de Pearson.

Bickardt et *Schumann* signalent un fait analogue. Une de leurs patientes présente à l'épigastre une petite tumeur palpable. Elle était tendue, un peu élastique et fluctuante. On entendait à son niveau un souffle systolique. Cette tumeur grossit peu à peu, devint même pulsatile avant la mort. Le diagnostic avait varié entre un kyste hydatique du foie ; une métastase carcinomateuse ramollie ; ou un processus ulcératif de l'estomac qui, par perforation du côté du foie, aurait occasionné un abcès périgastrique. L'autopsie démontre qu'on avait affaire à un anévrysme de la grosseur d'un œuf d'oie, et dont les 4/5es saillissaient hors du parenchyme du foie.

Une autre patiente, encore vivante, cuisinière, âgée de 69 ans, présenta un ictère passager, avec douleurs dans la région épigastrique. On sentait au-dessus de l'ombilic, une tumeur appartenant au foie. Elle pulsait et présentait un souffle à l'auscultation. Souffle et pulsations disparurent peu à peu, la tumeur diminua de volume. Les auteurs restent persuadés qu'il devait s'agir là, dans ce cas, d'un anévrysme de l'artère hépatique.

Uhlig à propos des cas qu'il cite, parlait aussi de tumeur ronde située plutôt dans l'hypocondre droit. Il s'agit probablement là du cas de *Wallmann,* qu'il cite du reste, où la vésicule biliaire était palpable, comme une tumeur ronde, lisse, tendue, un peu élastique, fait que nous retrouvons chez *Caton, Niewerth* et *Schupfer* par exemple. Il provenait de la distension de la vésicule par du sang.

L'existence d'une tumeur pulsatile à l'épigastre n'est pas du tout pathognomonique de l'anévrysme de l'artère hépatique. C'est plutôt le signe d'anévrysmes de l'aorte abdominale, du tronc cœliaque, ou du tronc de l'artère mésentérique supérieure. Comme nous le verrons plus loin les symptômes de l'anévrysme de l'artère mésentérique présentent beaucoup d'analogie avec ceux de l'anévrysme de l'artère hépatique.

Tableau symptomatique de l'affection

Le tableau symptomatique de cette affection est donc extrêmement divers.

Il commence souvent par des douleurs qui siègent surtout dans l'hypocondre droit, sans irradiations vers la colonne vertébrale. L'examen du malade à cette première période, donne une très grande sensibilité de l'abdomen, à droite, juste au-dessous du bord inférieur de la cage thoracique, donc dans la région du foie. Elle s'étend toujours jusqu'à l'épigastre. Le malade a parfois déjà quelques troubles gastriques qui déroutent les recherches et font croire à une affection stomacale. Ce qui permet de différencier ces douleurs, de celles que l'on observe dans la lithiase biliaire, c'est l'absence de coliques. Les douleurs de cette période sont plutôt névralgiques.

Dans une seconde période apparaissent soit l'ictère soit les hémorragies per os et per anum. L'examen du malade à cette période donnera très souvent la matité du foie agrandie. Plusieurs auteurs citent ce fait qui provient plutôt d'un déplacement du foie par la croissance de la tumeur au hile du foie, que d'un agrandissement du foie lui-même.

Cet organe a plutôt la tendance à diminuer de volume par le fait des phénomènes de cirrhose. Il y aura pourtant des cas où l'agrandissement du foie existera réellement, et cela lors de stase biliaire. On pourra palper la vésicule biliaire grossie, lisse, parfois fluctuante, du moins élastique, soit qu'elle soit remplie de bile, soit de sang. L'ictère pourra être, mais rarement, à répétition. Nous aurons, en même temps que les hémorragies, des douleurs de nature particulière : tout d'abord des douleurs avec sensation de déchirement, au moment de la perforation de l'anévrysme ; puis de vraies coliques biliaires produites par la distension brusque des canaux biliaires par le sang, ou par le passage difficile des caillots. Ces douleurs n'existeraient naturellement pas en cas de perforation de l'anévrysme dans une portion du tube digestif.

Une troisième période serait caractérisée par l'anémie croissante et les symptômes qui l'accompagnent ; le plus souvent la mort survient dans le collapsus.

Ce tableau très schématique est susceptible de variations à l'infini. Une des plus fréquentes est l'absence de la première période. L'affection commence par l'ictère, suivant le plus souvent de près — comme l'a très exactement indiqué *Grünert* — une maladie infectieuse. Les douleurs manquent alors parfois complètement. La maladie peut débuter aussi par la sensation de déchirement et les coliques, suivies de près par les hématémèses ou le mélæna. Si la rupture de l'anévrysme se fait dans la cavité abdominale, c'est le collaps et c'est la mort à brève échéance.

La troisième période n'existera que dans des cas très rares, chroniques, quand la perforation de l'anévrysme se sera produite dans les canalicules biliaires, ou que de petites ruptures seulement, auront eu lieu dans les canaux hépatique, cystique, cholédoque ou dans une portion de l'intestin.

Diagnostic

Le diagnostic différentiel devra se faire surtout :

entre l'anévrysme et un ulcère stomacal ou duodenal. L'ictère est une rareté dans ce second cas, et n'est jamais, on peut le dire, un ictère par obstruction. Il faudrait une infiltration autour de l'ulcère avec inflammation et formation de brides cicatricielles. Dans les cas où l'ictère ferait défaut, seul l'emplacement des douleurs (région du foie) pourrait mettre sur la voie du diagnostic d'anévrysme, et encore ne saurait-on rien en déduire de certain, croyons-nous.

entre l'anévrysme et la lithiase biliaire. L'histoire du malade montrant la longue durée de l'affection, et le caractère des douleurs (coliques) ; l'existence d'hémorragies faibles pouvant provenir d'ulcérations, qui seraient le fait de l'érosion des calculs ; le fait que dans la lithiase, les femmes sont atteintes plus fréquemment que les hommes (ce qui semble être le contraire dans l'anévrysme de l'artère hépatique) fera écarter le diagnostic d'anévrysme.

entre l'anévrysme et une tumeur maligne. L'absence d'amaigrissement rapide, et de cachexie fera renoncer au néoplasme.

Certains cas de cirrhose hépatique avec hématémèses et ictère pourraient être confondus avec un anévrysme de l'artère hépatique qui n'aurait donné lieu à aucune douleur. Mais dans la cirrhose nous aurons à côté d'hématémèses, des épistaxis qui n'auront jamais rien à faire avec notre affection. Plus tard l'ascite empêchera de douter du diagnostic.

L'existence dans l'anamnèse d'une maladie infectieuse quelques jours ou quelques semaines avant le commencement de l'affection, sera d'un très grand secours pour diriger la pensée du côté de l'anévrysme de l'artère hépatique et donnera de fortes présomptions en faveur de l'exactitude de ce diagnostic.

Pronostic et traitement

Quant au pronostic il est franchement mauvais. L'opération seule est susceptible de l'améliorer un peu. Elle devra être tentée dans tous les cas où le diagnostic est probable.

Bien souvent pourtant l'état d'affaiblissement du malade, les hémorragies au cours de l'opération, puis les suites de l'intervention : nécrose presque certaine d'une partie du foie, hémorragies secondaires, feront que l'opération risquera de mettre rapidement un terme aux souffrances du malade. Mais l'intervention, dans l'état actuel de nos connaissances, est le seul et unique moyen susceptible de sauver la vie du patient. Il faudra faire une ligature de l'artère hépatique dans le ligament hépato-duodenal, comme l'a pratiquée *Kehr* (31) en 1903. Cette opération n'aura de chance de réussite que si l'anévrysme existe depuis un certain temps déjà. Cette durée aura permis l'établissement d'un commencement de circulation collatérale dans le foie.

L'opération de *Kehr*, dans son cas d'anévrysme de l'artère hépatique montre que l'essai peut être tenté avec chance de réussite. Plus tard, en 1909, *Kehr* (66) fit de nouveau une ligature de l'artère hépatique afin d'arrêter de fortes hémorragies de l'artère cystique, qui auraient certainement amené la mort du malade.

Il n'avait pu se former de circulation collatérale, cette fois là, puisque l'artère n'était même pas partiellement thrombosée comme souvent lors d'anévrysmes. Il ne se fit pourtant que de petites nécroses du foie, et le malade guérit complètement.

Formes anatomo-pathologiques

Avant d'aborder le sujet de l'étiologie de ces anévrysmes, essayons de mettre un peu d'ordre dans les données pathologiques que nous fournissent les auteurs. Il s'agit malheureusement surtout et seulement de données macroscopiques. Sur les 41 cas que la littérature nous rapporte jusqu'à ce jour, nous n'avons trouvé que 11 fois des données microscopiques.

Des 42 cas (nous reprenons le nôtre avec les autres), 13 fois les anévrysmes furent intra-hépatiques ; le reste du temps extra-hépatiques, s'échelonnant entre le hile du foie et le voisinage de l'ampoule duodenale de Vater. Les anévrysmes intra-hépatiques appartiennent tous aux branches de bifurcation de l'artère hépatique. Les anévrysmes du lobe gauche sont tous intra-hépatiques. Un seul de ceux-ci est indiqué comme sortant au 4/5e du parenchyme du foie. Les anévrysmes s'étaient développés :

Sur le tronc de l'artère hépatique	16 fois
Sur la branche de bifurcation droite	13 »
Sur la branche de bifurcation gauche	4 »
Simultanément sur les deux branches	4 »
Sur l'artère cystique	2 »

Trois fois, nous n'avons pu trouver d'indications.

Leur grosseur varie entre un pois et une tête d'enfant, le plus grand nombre cependant étant du volume d'une noix à celui d'un œuf d'oie.

Quant à la forme anatomo-pathologique de l'anévrysme, nous trouvons des indications chez 19 auteurs. *Wallmann*, *Lebert* et *Sauerteig* donnent leurs anévrysmes pour des anévrysmes vrais ; *Livierato* dénomine celui de son malade : « anévrysme sacciforme, dans la portion la plus dilatée duquel on ne saurait mettre les couches artérielles en évidence. » D'après sa description, l'anévrysme de *Sachs* doit être un anévrysme artério-veineux, avec interposition de deux sacs entre l'artère et la veine, dilatée elle-même en une troisième cavité.

Les 14 autres anévrysmes doivent être classés parmi les anévrysmes faux, comme nous les définissions au début de ce travail. Les auteurs indiquent tous n'avoir plus trouvé d'intima à l'intérieur de la dilatation, ou n'en avoir remarqué que des traces, comme *Chiari*, qui cite la disparition totale de la tunique moyenne et l'existence de la tunique interne sur certains segments encore.

Les auteurs les plus récents signalent la disparition presque complète des fibres élastiques dans ce qui demeure encore de la moyenne.

Dans le cas de *Schupfer* seulement, il semble qu'on ait affaire à un anévrysme disséquant. *Livierato*, qui le cite, parle d'une rupture et d'un décollement de la tunique interne, dans la partie de la dilatation avoisinant le cholédoque. Nous aurions là un anévrysme disséquant dans lequel la masse sanguine se serait infiltrée entre les tuniques internes et moyenne.

Les autres auteurs ne parlent même pas de l'intima ; les coupes microscopiques de leurs anévrysmes montrent des parois formées de beaucoup de tissu conjonctif, auquel vient adhérer le thrombus en voie d'organisation. Avons-nous affaire à une disparition totale de la tunique interne, et de quelques unes, si ce n'est de toutes les couches de la tunique moyenne, c'est ce qu'il est difficile d'affirmer. On peut toujours supposer qu'il existait un endroit qui, par malheur, n'est pas tombé sous le couperet du microtome et où l'on aurait retrouvé des traces des tuniques moyenne et interne décollées. Au moins peut-on faire cette supposition dans les cas où il ne s'agit pas d'anévrysmes parasitaires. Dans les cas d'anévrysmes parasitaires au contraire, l'inflammation explique parfaitement la disparition, en quelque sorte la fonte de ces couches ; soit qu'il y ait eu là des phénomènes de phagocytose, soit aussi que le courant sanguin — à la manière d'un fleuve qui ronge peu à peu ses rives sablonneuses — ait emporté, particule après particule, des portions des parois artérielles.

Ces parois, par le fait de l'infiltration leucocytaire avaient perdu leur résistance ; elles étaient déjà déchiquetées, ce qui permettait leur émiettement au passage du courant sanguin.

Nous avons montré plus haut quelle était notre opinion sur la formation des anévrysmes du foie dans notre cas. A propos des anévrysmes de l'artère hépatique cités dans la littérature, nous pouvons seulement supposer que certains d'entre eux, qui présentaient des aspects microscopiques semblables aux nôtres, s'étaient formés peut-être d'une façon analogue.

Etiologie

Si nous examinons maintenant la question de l'étiologie de ces anévrysmes, nous voyons que, suivant les auteurs, on trouve bien des étiologies différentes. Leur énumération fournirait la liste suivante : artério-sclérose, traumatismes, lithiase biliaire, maladies infectieuses, lues.

Comme nous l'avons déjà montré dans notre historique, *Grünert* essaya en 1903 de ramener l'étiologie de la plupart des cas à une maladie infectieuse. Il nous paraît avoir trop voulu généraliser.

Comme le démontrent brillamment les recherches microscopiques de *Bickardt* et *Schumann* en 1907 et de *Reichmann* en 1908, l'anévrysme parasitaire du foie existe et l'infection est une étiologie à laquelle il faut songer sérieusement dans bien des cas. Cette étiologie est surtout à considérer lorsque des accidents soudains et violents ont suivi de près une pneumonie ou une ostéomyélite. Dans d'autres cas encore les recherches à l'autopsie ont démontré tellement péremptoirement l'existence simultanée d'autres infections comme : endocardites, mediastinites, abcès du foie — que là aussi, malgré l'absence de recherches microscopiques concluantes, on peut penser avec beaucoup de vraisemblance à l'infection comme étiologie de l'anévrysme.

Il est du reste facile de démontrer que les anévrysmes de l'artère hépatique, et surtout ceux qui se forment à l'intérieur du parenchyme, ont beaucoup plus d'occasions de se développer sur la base d'une périartérite infectieuse que les dilatations des artères qui surviennent dans d'autres parties du corps. Le foie n'est-il pas un filtre ? Nous savons que dans beaucoup de maladies exotiques, malaria, fièvre jaune, dysenterie par exemple, les abcès du foie sont choses usuelles. La dégénérescence graisseuse aiguë du foie est souvent la suite de fièvre typhoïde, de maladies septiques ou puerpuérales. La localisation de l'infection dans le foie est donc assez fréquente ; rien d'étonnant qu'il se développe alors des périartérites qui puissent donner lieu à des formations anévrysmales. L'infection ne vient du reste pas seulement par la veine porte ou par le canal cholédoque ; le jeune garçon que citent *Bickardt* et *Schumann* est mort d'un anévrysme développé à la base d'une embolie infectieuse.

Nous ne faisons du reste ainsi que reculer le problème, car le nombre des anévrysmes du foie est bien petit par rapport au nombre des maladies infectieuses. Il faudrait encore imaginer chez certaines personnes une faiblesse spéciale des artères du foie qui serait une prédisposition à la formation d'anévrysmes ; peut-être un défaut congénital du tissu élastique !

Nous trouvons les anévrysmes de l'artère hépatique surtout chez des hommes, dans la force de l'âge, chez des hommes à métiers pénibles : soldats, charpentiers, matelots, cantonniers, cochers. Certains auteurs, entre autres *Sauerteig* et *Brion*, veulent trouver l'étiologie de leur cas dans des traumatismes internes survenus au cours de durs travaux. *Grünert*, lui, n'admet pas ces traumatismes internes et trouve dans ces deux cas la maladie infectieuse qui, à son avis, doit être la cause du développement de l'anévrysme. Il nous semble à nous que tous deux puissent et même doivent avoir raison. Nous émettions tout à l'heure l'hypothèse d'un défaut congénital dans la constitution du tissu élastique. Il peut s'agir bien plutôt d'un affaiblissement de l'élasticité de ce tissu à la suite de traumatismes internes dans la région hépatique. — Nous entendons par traumatismes internes surtout des changements brusques dans la pression sanguine, des contractions musculaires exagérées, toute pression intra-abdominale, suite de l'effort. — Ces artères déjà plus ou moins traumatisées donnent prise plus facilement à une périartérite, à une artérite infectieuse même.

Brion, par exemple, parle dans son cas de traumatismes répétés dans la région épigastrique, son malade, un apprenti, ayant dû se servir très souvent de vilebrequins et instruments forants que l'on appuie dans la région épigastrique. C'est là pour lui l'étiologie de son cas. Les traumatismes répétés doivent, à notre avis, avoir facilité la localisation de l'infection sur les artères et être la cause prédisposante de la formation des anévrysmes, tandis que l'infection serait la cause déterminante.

Nous ne pouvons guère supposer un commencement d'artério-sclérose qui aurait affaibli les parois artérielles. L'artério-sclérose est une maladie de vieux ; l'anévrysme de l'artère hépatique paraît plutôt devoir être une affection atteignant les jeunes, ou du moins l'âge moyen, comme nous le montre notre statistique des âges atteints (page 49). Qu'elle puisse être une cause prédisposante ou même la cause elle-même dans certains cas de malades assez avancés en âge, nous le croyons volontiers.

Manifestement les cas de *Wallmann, Chiari, Schmidt* et *Schultze* paraissent devoir être dûs aux calculs biliaires, soit qu'il s'agisse de péricholécystite, puis de périartérite consécutive ; soit, comme le pensent certains auteurs, qu'il s'agisse de traumatismes répétés, par les calculs eux-mêmes.

Dans le cas de *Mester,* c'est peu après un coup de pied de cheval dans la région épigastrique, que se développèrent les symptômes de l'anévrysme de l'artère hépatique. Le traumatisme seul peut donc être considéré comme fait étiologique.

La lues entre en jeu dans les deux cas de *Sojecki* et de *Wœtzold.*

Nous n'avons affaire dans notre cas ni aux suites d'une infection aiguë, ni à l'artério-sclérose, ni à la lues : l'anamnèse et les recherches microscopiques s'y opposent. Nous n'avons pas de lithiase biliaire. Les traumatismes que notre malade a subis à l'âge de 18 ans ont-ils quelque chose à faire dans l'étiologie de ses anévrysmes ? Nous avons vu que pendant 6 mois au moins après sa chute, cet ouvrier charpentier souffrit de douleurs dans l'abdomen et dans les reins. Il semble bien peu probable qu'il se soit produit à ce moment des ruptures dans le tissu des artères, atteintes plus tard de dilatation, et que les anévrysmes n'aient signalé leur présence qu'une vingtaine d'années après.

Les préparations microscopiques des anévrysmes de l'artère mésentérique supérieure et des iliaques commune et externe à droite nous montrent la tunique moyenne, comme celle qui est la plus atteinte dans sa constitution anatomique. La tunique interne ne présente de déformations pathologiques qu'en de rares endroits, et ces transformations paraissent avoir suivi et non précédé celles de la tunique moyenne.

Les transformations pathologiques de la moyenne consistent en calcifications partielles des fibres élastiques ; disparition du tissu musculaire et son remplacement par du tissu conjonctif ; déchirures partielles de la tunique moyenne. La calcification des fibres élastiques se présente toujours dans la limitante élastique interne, ou dans les lamelles qui lui sont immédiatement parallèles. Ces amas calcaires ont la plupart du temps gardé encore la forme des lamelles élastiques : elles constituent aussi parfois de petits amas irréguliers.

On trouve, autour de ces calcifications, des couches de tissu conjonctif. Dans les préparations colorées avec le liquide de Van Gieson, toutes les parties adjacentes aux calcifications sont teintées d'un rouge carmin beaucoup plus vif que le tissu conjonctif néoformé qui remplace, en plus d'un endroit, le tissu musculaire de la tunique moyenne. On reconnaît dans ces zones une quantité de noyaux de cellules du tissu conjonctif.

Nous avons ici la *calcification de la tunique moyenne* absolument telle que la décrit *Marchand* (59).

« La tunique interne, dit-il, n'est le plus souvent que peu transformée. Les parties enfoncées de la tunique moyenne sont comblées, tout au moins en partie, par un épaississement de l'interne. La calcification prend naissance dans les fibres élastiques et dans le tissu conjonctif. La limitante élastique interne est, elle aussi, englobée dans le processus de dégénérescence. Dans les parties adjacentes aux calcifications les fibres musculaires sont complètement détruites. Du reste les éléments qui se calcifient sont déjà des éléments morts. »

Comme le dit *Marchand*, ce type se rencontre le plus souvent aux artères des extrémités.

Mönckeberg (60) l'a démontré péremptoirement par un travail dans lequel il cherchait à établir les rapports entre cette calcification et l'artério-sclérose, telle que nous la trouvons à l'aorte par exemple. Il démontre, en citant à l'appui de sa thèse 130 autopsies, que l'artério-sclérose de l'aorte et la calcification de la tunique moyenne des artères des extrémités ne sont que rarement concomitantes.

Pour *Marchand*, il s'agit dans les deux cas d'artério-sclérose avec localisations différentes. Cette localisation à la tunique moyenne se ferait surtout aux artères à type musculaire. Dans notre cas ce sont bien en majorité des artères à type musculaire que les vaisseaux atteints. *Marchand* disait déjà que cette maladie, quand elle s'attaque à la tunique moyenne est souvent le point de départ d'anévrysmes disséquants. « Il se fait, dit-il, à la limite entre les plaques de calcification et le tissu sain, des ruptures qui permettent au sang de s'infiltrer entre les diverses couches de la tunique artérielle, et donne ainsi naissance à des anévrysmes disséquants. »

Sur 55 cas, *Mönckeberg* en cite 51 âgés de plus de 50 ans ; 2 avaient entre 40 et 50 ans, et deux autres avaient moins de 40 ans. L'âge de notre malade (38 ans) n'est donc pas un empêchement à cette thèse. Du reste tous les cas de *Mönckeberg* sont plus avancés que le nôtre. Les artères des extrémités sont déjà macroscopiquement malades, tandis que chez notre malade il ne s'est agi que de découvertes microscopiques.

Le cas n'en est du reste que plus intéressant. Nous voyons qu'il suffit d'un commencement de calcification de la tunique moyenne des artères — surtout des artères à type musculaire — pour donner naissance, dans certaines conditions, à des anévrysmes disséquants. Nous pourrions même affirmer qu'il faut seulement un début de calcification, sans cela la plus grande partie du tissu élastique serait atteinte et au lieu de disséquer, le courant sanguin déchiquetterait plutôt. Cette calcification n'est pas apparue après la formation des anévrysmes, comme on pourrait le penser, ni à cause de cette formation même, puisque des artères comme l'artère cœliaque, d'autres portions aussi des artères atteintes d'anévrysmes, présentaient ces mêmes altérations.

Cette calcification du reste, à notre avis, n'est pas tant une maladie propre que l'indicateur d'une dégénérescence primitive du tissu élastique, avec prolifération secondaire de tissu conjonctif. Ce n'est qu'afin de compenser, en une certaine mesure la perte de la résistance des parois, que les fibres conjonctives se multiplient de plus en plus dans les tuniques moyennes dont le tissu élastique est atteint.

Nous ne faisons ici que repousser le problème difficile de l'étiologie.

Nous trouvons dans notre cas la cause des anévrysmes disséquants dans la calcification commençante de la tunique moyenne. Mais quelle est l'étiologie, dira-t-on alors, de cette calcification, ou plutôt de cette dégénérescence du tissu élastique, dont la calcification n'est que la conséquence ?

Marchand donne la même étiologie que pour l'artério-sclérose : soit les intoxications par l'alcool, le tabac, le plomb. Les influences vasomotrices indirectes joueraient un rôle important, comme par exemple les brusques changements de température. Cette dernière cause a son importance surtout dans la sclérose des artères des extrémités inférieures.

Mönckeberg estime que l'étiologie est autre pour l'artério-sclérose que pour la sclérose de la tunique moyenne. Il ne trouve rien de particulier, dans les histoires de malades de ses cas. Il croit que toute perturbation dans la nutrition générale doit avoir un effet sur les artères. Il cite par exemple 4 fois la cachexie suite de carcinôme ; 4 fois des états pulmonaires chroniques, d'où abaissement de la nutrition générale ; 1 fois cachexie à la suite de maladies tropicales ; 2 fois état pathologique chronique de l'appareil urinaire ; 1 fois forte insuffisance aortique.

Il est plus que probable que les états troublant la nutrition générale ont leur mot à dire dans l'étiologie de cette sclérose de la tunique moyenne ; *Lebert* (67) disait déjà en 1861, en parlant des diverses espèces d'anévrysmes : « Ces différentes formes ne sont du reste, la plupart du temps, que des manifestations ou des grades différents de la même maladie : soit d'un trouble de la nutrition qui produit des transformations dans la structure des tissus composant l'artère. »

Mais ce trouble de la nutrition ne peut être considéré comme la seule étiologie à donner à cette sclérose. Nous pensons au contraire avec *Marchand* que toute substance toxique existant dans le corps, influe d'une façon défavorable sur le tissu élastique des artères. Ces substances toxiques peuvent être produites dans le corps même, dans les cas de trouble de nutrition (ces malades rentreraient en quelque mesure dans la classe des arthritiques) ; elles peuvent venir aussi de l'extérieur, comme dans l'alcoolisme, le tabagisme, les intoxications professionnelles (plomb, arsenic) ; peut-être pourrait-il s'agir de toxines provenant de la lues ou des maladies infectieuses, quand les microorganismes eux-mêmes n'auraient pas été transportés jusqu'à l'artère ?

Lorsque le tissu élastique est affaibli, lorsque le tissu musculaire lisse lui-même étant atteint, ne peut suppléer au travail des fibres élastiques, les artères sont toutes prêtes à subir des déformations anévrysmales, des ruptures qui transforment ces dilatations en anévrysmes disséquants. C'est là à notre avis que le travail fourni par le patient joue un rôle très important. La profession du malade devient une cause déterminante des anévrysmes tandis que la sclérose de la seule tunique moyenne est une cause prédisposante seulement.

Notre malade était charpentier. Sur 18 métiers indiqués dans les cas d'anévrysmes de l'artère hépatique nous en trouvons 13 qui sont des métiers pénibles obligeant les patients à être dehors par tous les temps, à faire des efforts particulièrement grands. Les travaux qui ont occupé ces malades pendant leur vie sont certainement un puissant adjuvant de l'étiologie ; soit, comme nous le disions plus haut, qu'ils produisent des lieux de moindre résistance où vient se fixer l'infection ; soit qu'ils donnent le dernier coup de main, si l'on peut s'exprimer ainsi, pour léser une artère aux tuniques dégénérées. *Lebert* (58) disait déjà en 1865 que la profession était plus importante à considérer dans les anévrysmes des artères abdominales que dans ceux des artères thoraciques.

Quant à notre malade il était atteint depuis plus de 6 mois d'une affection chronique des poumons qui peut être l'étiologie de cette sclérose de la tunique moyenne, se déclarant à un âge encore relativement jeune. Certainement le fait qu'il était charpentier, et qu'il a continué à travailler malgré sa maladie, dépensant ses forces en efforts considérables est la cause dernière des anévrysmes développés à la base de l'affection de la tunique moyenne de ses artères.

Nous avons donc dans notre cas deux choses à considérer séparément, dans le problème de l'étiologie :

1° La sclérose de la tunique moyenne ;

2° La formation des anévrysmes.

L'étiologie de la première réside dans le catarrhe chronique des bronches, d'où affaiblissement de tout l'organisme et principalement des tissus délicats constituant les parois artérielles.

L'étiologie de la seconde est double :

La cause première *prédisposante,* c'est la sclérose de la tunique moyenne.

La cause seconde *déterminante,* ce sont les traumatismes internes dûs aux efforts continuels du malade, nécessités par son métier de charpentier.

ANÉVRYSMES DES ARTÈRES ABDOMINALES EN GÉNÉRAL

Nous voudrions terminer cette étude par quelques considérations sur les anévrysmes des artères de la cavité abdominale en général, et en particulier sur la multiplicité de ces anévrysmes chez un même patient.

Notre cas, et ce fut là une des raisons principales de sa publication, est remarquable par le nombre de ses anévrysmes. Ces dilatations artérielles ne siègent point dans tout le corps mais dans l'abdomen seulement. L'aorte abdominale n'est pas touchée ; ce sont ses collatérales et ses branches terminales seules qui ont à porter tout le poids de cette affection : artère mésentérique supérieure, iliaque commune et iliaque externe à droite, branches de l'artère hépatique, soit 7 anévrysmes localisés dans l'abdomen.

Si l'on considère les différentes artères de l'abdomen (aorte exceptée) comme lieu d'élection d'anévrysmes, et si l'on cherche à déterminer laquelle de ces artères est la plus sujette à cette affection, on trouve ce qui suit chez les auteurs qui se sont occupés de la statistique des anévrysmes :

Sur 551 cas d'anévrysmes, *Crisp* (4) ne cite qu'un seul cas d'anévrysme de l'artère hépatique [1].

Lebert (58) sur 39 cas d'anévrysmes des branches de l'aorte abdominale donne les chiffres suivants :

Mésentérique supérieure	10	fois
Artère splènique	10	»
Artère hépatique	8	»
Tronc cœliaque	3	»
Mésentérique inférieure	3	»
Artères rénales	2	»
Double : Tronc cœliaque et mésentérique supérieure	2	»
Double : Artère hépatique et mésentérique supérieure	1	»

[1] *Wallmann* qui, en 1858, parle de ce travail, ne donne pas les chiffres pour d'autres artères. D'après *Müller*, en 1902, Crisp ne citerait aucun cas concernant les autres branches de l'aorte abdominale.

En 1861 *Niemeyer* (62) sur 41 anévrysmes, trouve 2 anévrysmes de l'artère mésentérique supérieure.

En 1865 sur 104 anévrysmes il donne les chiffres suivants pour les branches de l'aorte abdominale [*Niemeyer* (63)] :

Tronc cœliaque	8 fois
Mésentérique supérieure	3 »
Iliaque externe	1 »

Kaufmann (56) sur 21 cas d'anévrysmes, donne comme atteints :

Artère hépatique	7 fois
Mésentérique supérieure	7 »
Artère cœliaque	4 »
Artère splènique	2 »
Mésentérique inférieure	1 »

Sur 18 anévrysmes, *Uhlig* (9) donne la proportion suivante :

Artère hépatique	7 fois
Mésentérique supérieure	6 »
Artère splènique	3 »
Artère cœliaque	1 »
Mésentérique inférieure	1 »

Bossdorf [1] rassemble 93 cas d'anévrysmes et cite telle proportion pour les artères principales de l'abdomen :

Artère splènique	7 fois
Mésentérique supérieure	3 »
Artère hépatique	1 »

Müller (61), en 1902, est plus complet. Sur 183 anévrysmes, voici ses chiffres pour les artères de l'abdomen, sans compter l'aorte :

Artère splènique	9 fois
Artères rénales	3 »

1 Cité d'après Ernest Müller (61).

Artères iliaques communes	3 fois
Artère hépatique	3 »
Artères capsulaires	2 »
Artère hypogastrique	2 »
Artère cœliaque	1 »
Artère pancréatique	1 »
Artère mésentérique	1 »
Une des artères coliques	1 »

Grünert, dans son article sur l'anévrysme de l'artère hépatique, cite un cas appartenant à l'artère pancréatique, décrit par *Babington* (42) ; un autre siégeant à la gastro-épiploïque droite cité par *Sadler* (45) ; un troisième dépendant de l'artère gastro-duodenale et publié par *Sommer* (30).

Nous voyons donc que toutes les artères de l'abdomen peuvent être atteintes d'anévrysmes. Celles qui, d'après les auteurs, paraissent avoir été le plus fréquemment le siège de cette affection sont surtout l'artère mésentérique supérieure (l'accord est presque complet pour cette artère), l'artère splènique, l'artère hépatique et le tronc cœliaque. Les cas d'anévrysmes des iliaques communes et des iliaques externes sont aussi assez nombreux dans la littérature.

Nous constatons donc que ce sont les artères les plus importantes de l'abdomen (en en exceptant les artères rénales) qui sont atteintes le plus fréquemment, l'aorte abdominale étant plus souvent encore que ses collatérales et ses branches terminales, porteur d'anévrysmes.

Les artères de l'abdomen sont donc atteintes, semble-t-il, proportionnellement à leur calibre.

Nous pouvons du reste remarquer cela dans le seul domaine de l'artère hépatique. Comme nous l'avons vu plus haut, c'est en effet le tronc qui est atteint le plus grand nombre de fois ; puis viennent la branche droite, la branche gauche (la plus petite des deux), enfin l'artère cystique. Il semble en outre que la région épigastrique soit tout spécialement désignée comme siège des anévrysmes des artères de l'abdomen. Nous voyons les anévrysmes de l'aorte abdominale se trouver de préférence sur le segment de cette artère situé immédiatement au-dessous du diaphragme. C'est à la région épigastrique qu'appartient le court tronc cœliaque. C'est dans la première partie de son parcours que la mésentérique supérieure est le plus souvent atteinte. Au contraire les anévrysmes des artères hépatiques et splèniques semblent se disséminer tout le long du parcours de ces artères ; les anévrysmes de l'artère hépatique siègent le plus souvent au niveau du hile du foie.

Sans nous arrêter longtemps aux symptômes cliniques de ces différents anévrysmes, nous tenons à relever l'analogie très grande du tableau clinique des uns comme des autres. Ce que nous avons dit du diagnostic des anévrysmes de l'artère hépatique, peut presque se répéter à propos des dilatations des autres artères de l'abdomen.

L'ictère lui-même est loin d'être un signe pathognomonique des anévrysmes de l'artère hépatique. *J. A. Wilson* (47) cite un cas où la malade était atteinte d'un ictère intense, sur lequel n'influait aucune médicamentation. On trouva à l'autopsie un anévrysme de l'artère mésentérique supérieure.

Les hémorragies intestinales sont fréquentes. Dans un cas cité par *Zahn* (48), le diagnostic posé fut celui d'ulcère duodenal. L'autopsie mit au jour un anévrysme de l'artère splènique qui avait formé un hématome dans l'arrière-cavité des épiploons. Cet hématome avait perforé secondairement dans le colon transverse et dans l'estomac. *Chauffard* (43) cite aussi le cas d'une domestique de 23 ans qui présente des hémorragies intestinales, et à l'autopsie de laquelle on trouva un anévrysme de la grosseur d'un œuf de poule situé sur le tronc de l'artère mésentérique supérieure.

La douleur est constante ; elle siège dans la région épigastrique ou dans l'hypocondre droit, pour les anévrysmes du tronc cœliaque ou de la mésentérique supérieure ; dans l'hypocondre gauche plutôt quand il s'agit d'anévrysmes de l'artère splènique.

Les douleurs ont pourtant une caractéristique que nous avons déjà relevée dans l'histoire de notre malade : ce sont les douleurs lombaires, quelquefois particulièrement fortes dans l'une des deux régions lombaires. Témoin ce cas cité dans les *Schmidts Jahrbücher de 1865* (46) où le malade souffrit surtout de douleurs dans la région lombaire gauche. On découvrit, à l'autopsie, un anévrysme de la grosseur d'un œuf appartenant à l'artère mésentérique inférieure. Cet anévrysme situé sur les quatre premières vertèbres lombaires avait contracté, à travers le péritoine, des adhérences nombreuses avec le muscle carré des lombes du côté gauche.

A la douleur épigastrique se rattache presque toujours un point très douloureux que les malades situent entre les deux épaules, et qui provient de la pression de l'anévrysme sur la colonne vertébrale. Ces douleurs lombaires et ce point douloureux sont une caractéristique aussi des anévrysmes de l'aorte abdominale et ne se retrouvent jamais dans les anévrysmes de l'artère hépatique.

Notre cas est à ce point de vue exceptionnel. La coexistence de l'anévrysme de l'artère mésentérique supérieure avec les anévrysmes de l'artère hépatique était la cause de l'existence de ce symptôme douloureux, dans l'anamnèse de notre patient.

La découverte presque régulière d'une tumeur pulsatile, à l'épigastre, parle en faveur d'un anévrysme de l'artère mésentérique, du tronc cœliaque ou de l'aorte abdominale. Le souffle, synchrone aux battements du pouls, fait rarement défaut. Dans un cas de *Habershon* (44), nous n'avons ni tumeur, ni souffle ; et pourtant la nécropsie, après une mort très soudaine, démontre l'existence d'un anévrysme de la grosseur d'un œuf de pigeon, siègeant à la mésentérique supérieure. Le cas de *Wilson*, déjà cité plus haut, ne présenta rien de particulier à la palpation.

Le signe de la tumeur n'existe donc pas toujours, et, comme nous l'avons vu en traitant de la symptomatologie de l'anévrysme de l'artère hépatique, ce symptôme peut exister dans cette affection, quoique bien rarement, puisque les auteurs ne l'ont signalé qu'une fois sur 42 cas.

Anévrysmes multiples de l'abdomen

Quant aux anévrysmes multiples ayant leur siège exclusivement sur les artères de l'abdomen, ils sont rares, et ce n'est qu'ici ou là que la littérature en rapporte un cas. Ceux de l'aorte abdominale et de l'une de ses collatérales semblent être les plus fréquents, puis viennent ceux qui siègent à la mésentérique supérieure et à une autre artère : souvent le tronc cœliaque. *Niemeyer* (62), dans sa statistique citée plus haut, en présente deux cas. L'un d'eux fut publié par *Holmes* (50). Les anévrysmes ne firent aucun symptôme pendant la vie.

Si nous comptons notre observation, nous trouvons parmi les cas d'anévrysmes de l'artère hépatique 8 fois des anévrysmes multiples. Le premier est cité par *Gairdner* (8). Il est le seul, avec le nôtre, à présenter, à côté de l'anévrysme de l'artère hépatique, un anévrysme d'une tout autre artère, soit de l'artère mésentérique supérieure.

Dans les observations de *Standhartner* (11), de *Hale White* (22) et de *Sauerteig* (23), comme dans la nôtre, les anévrysmes ont atteint symétriquement la branche droite et la branche gauche de l'artère hépatique. Chaque fois l'anévrysme siégeant à la branche gauche est plus petit que la dilatation de la branche droite. Ce sont ces derniers qui amènent la mort par leur rupture. Les anévrysmes de la branche droite sont du volume d'une pomme chez *Sauerteig*, d'une mandarine chez *Hale White* et d'une noix chez *Standhartner*. Les cas d'anévrysmes rapportés par ces deux derniers auteurs paraissent de nature infectieuse, les symptômes de ces anévrysmes s'étant fait jour brusquement, à la suite ou pendant le cours d'une maladie infectieuse. Il en est probablement de même dans le cas de *Sauerteig*.

Chiari (18) nous signale un malade chez lequel les deux artères cystiques furent atteintes. Le patient avait souffert pendant sa vie de fortes coliques biliaires, et l'on retrouva une vésicule remplie de calculs, et ulcérée en plusieurs endroits, particulièrement aux environs des anévrysmes. Un fait à signaler, c'est, dans ce cas, la naissance irrégulière de l'artère cystique inférieure qui se séparait de l'artère gastro-duodenale.

Brion (29) et *Waetzold* (38) sont les seuls auteurs qui fournissent des cas très semblables au nôtre en ce qui concerne les anévrysmes de l'artère hépatique. En faisant l'autopsie du malade de *Brion*, on trouva quatre anévrysmes variant du volume d'une noix, à celui d'un petit pois. Ils occupaient le lobe gauche du foie. Chez le patient de *Waetzold* plusieurs anévrysmes, dont le plus gros présentait le volume d'une cerise, furent découverts situés assez près du bord antérieur du lobe droit. Ce dernier auteur donne la lues comme étiologie de son cas et étaye son dire sur des découvertes microscopiques.

Brion voudrait trouver la cause de ses anévrysmes dans une série de traumatismes répétés.

Il est plus probable que ces traumatismes ont pu en quelque sorte permettre en cet endroit plus affaibli la localisation d'une infection métastatique, suivant l'opinion que nous émettions plus haut. Il ne peut s'agir que de conjectures, car *Brion* lui-même, malgré son désir d'admettre l'infection comme étiologie, en démontre l'impossibilité. Le professeur *von Recklinghausen*, qui a pratiqué l'autopsie, dit qu'on doit estimer à 8 semaines au moins la durée de l'affection dans le cas du malade de *Brion* ; il se base pour ce dire sur la grosseur des anévrysmes et leur développement plus lent à l'intérieur du parenchyme du foie. Or le malade n'en était qu'à la sixième semaine d'un typhus abdominal. Il était atteint en outre depuis 8 jours de péricholécystite.

Grünert estime que la périartérite qui a donné naissance aux anévrysmes a pu commencer pendant la période prodromique de la fièvre typhoïde, alors que les bacilles d'Eberth ou leurs toxines commençaient déjà à se répandre dans le corps.

Il n'y aurait qu'un moyen d'éclaircir la controverse : ce serait de démontrer par des recherches microscopiques si les parois des anévrysmes présentent un état d'infection aiguë. Malheureusement, dans son article, *Brion* ne parle pas de découvertes microscopiques. Son étiologie est donc une hypothèse, elle laisse la porte ouverte aux autres suppositions, et hypothèse pour hypothèse nous préférons celle de *Grünert*, en attendant la preuve scientifique de son inanité. Elle nous semble mieux basée que celle de *Brion*, car il nous paraît bien difficile d'estimer à quelques jours près la durée de l'existence d'anévrysmes.

Nous n'avons pu trouver en fait d'anévrysmes multiples atteignant seulement les artères principales de l'abdomen

— aorte exceptée — que deux cas d'anévrysmes double. Un cas de *Leudet* (51) présentant deux anévrysmes de l'artère splénique trouvés à la nécropsie, et qui n'avaient fait aucun symptôme durant la vie ; un autre cas de *Sternberg* (53) qui présentait deux anévrysmes symétriquement placés sur les deux iliaques communes. Il nous semble presque impossible qu'il n'y en ait pas au moins quelques autres dans la littérature, mais nous n'avons pas su les trouver.

L'anévrysme disséquant est le plus souvent multiple ; c'est là encore une preuve que cet anévrysme se développe dans des artères prédisposées par un affaiblissement de leur tissu élastique. Cet affaiblissement n'atteint pas seulement les artères d'un seul territoire d'irrigation, mais souvent plusieurs, comme le démontre le cas suivant publié par *Oliver Thomas* (52). Chez sa malade l'aorte ascendante, l'aorte abdominale et l'une des artères iliaques communes étaient le siège d'anévrysmes disséquants. Dans des cas d'anévrysmes infectieux nous avons plus volontiers — à moins qu'il ne s'agisse de pyémie ou de septicémie généralisée — une seule région atteinte, soit que l'infection soit apportée par des embolies, soit aussi qu'un même territoire plus fatigué, ou antérieurement traumatisé, soit plus sensible à l'action des toxines.

Nous voudrions, en terminant, citer une maladie qui atteint de préférence les jeunes sujets et dans laquelle il peut se développer plusieurs anévrysmes sur différents points du corps. Il s'agit de la périartérite noueuse dont *Rokitansky* parlait en 1852 comme d'une déformation anévrysmale qui peut atteindre toutes les artères, sauf l'aorte et les troncs primitifs de la plupart de ses branches. *Eppinger* pensait que son étiologie devait consister en une faiblesse native du tissu élastique ; c'est pourquoi il appelait ces anévrysmes : anévrysmes congénitaux. *Graf* (49), du travail duquel nous avons tiré ces détails, les énonçait à propos d'un cas de périartérite noueuse dans lequel il se trouvait des dilatations artérielles, sur les coronaires, les artères de la rate, des reins et du mésentère. Les artères du foie ne présentaient aucun anévrysme, mais un fort épaississement de leurs parois.

Nous croyons donc que notre cas est le premier de ce genre qui ait été publié, et dans lequel on doive accuser la sclérose de la seule tunique moyenne des artères, d'être la cause des anévrysmes ; le premier aussi qui présente un si grand nombre d'anévrysmes importants, localisés seulement, sur les branches terminales et les collatérales de l'aorte abdominale, elle-même étant indemne de toute altération.

INDEX BIBLIOGRAPHIQUE

Anévrysmes de l'artère hépatique :

1. WILSON (père). — *Publication devant « The College of Surgeons »*. Cité d'après J. A. Wilson. 1819
2. SESTIER. — *Bulletin de la Société Anatomique de Paris ; vol. VIII.* 1833
3. STOKES William. — *The Dublin Journal of medical and chemical Science. Page 400.* Cité d'après Bernard. 1834
4. CRISP. — On structura, diseases and injuries of the blood vessels. — Cité d'après Wallmann. 1847
5. LEDIEU. — Anévrysme et oblitération de l'artère hépatique avec coïncidence de l'albuminerie, d'anasarque et d'ascite, et persistance de la secrétion biliaire. Mars 1856
   Journal de médecine de Bordeaux, N° 17 ; page 327. Cité d'après : *Schmidts Jahrbücher, vol. 93 ; page 56 (1857).*
6. WALLMANN. — Aneurysma der Arteria hepatica. 1858
   Virchows Archiv, vol. XIV ; page 389.
7. LEBERT. — Anévrysme de l'artère hépatique avec rupture dans la vésicule du fiel et hématémèse abondante suivie d'épuisement et de mort. 1861
   Traité d'Anatomie Pathologique générale et spéciale ; tome II ; page 322.
8. GAIRDNER. — Anevrysma of the hepatic artery and of the superior mesenteric artery. Avant 1865
   Catalogue of the Museum of the College of Surgeons of Edimburgh, Page 1152. Cité d'après Mester.

9. Uhlig. — Zur Casuistik der Aneurysmen der inneren kleineren Arterien des Unterleibs, insbesonder der Arteria hepatica.
Inaugural-Dissertation, Leipzig. 1868

10. Quincke. — Fall von Aneurysma der Leberarterie. 1871
Berliner klinische Wochenschrift, N° 30 ; page 349.

11. Standhartner. — *Bericht des Wiener allgemeinen Krankenhauses (sub Pneumothorax).* — Cité d'après Mester. 1875

12. Ross and Ossler. — Case of anevrysm of the hepatic artery with multiple abscess of the liver. 1877
Canadien Medical and surgical Journal (July). Cité d'après Grünert.

13. Irwine Pearson. — Aneurysm of hepatic artery in a cavity of an abscess of the liver. Perforation of the stomach, and rupture of aneurysm into it. 1877
Transaction of the Pathologic Society of London (20th of november). Cité d'après Sauerteig.

14. Borcher. — Aneurysma der Arteria hepatica.
Inaugural-Dissertation, Kiel. 1878

15. Heschl. — *Grazer Museum.* Cité d'après Mester. avant 1880

16. Drasche. — Ueber Aneurysma der Leberarterie. 1880
Wiener medizinische Wochenschrift, N°s 37, 38, 39.

17. Weinlechner. — *Aertzlicher Bericht der K. K. algemeinen Krankenhausen zu Wien.* Cité d'après Bernard. 1882

18. Chiari. — Berstung eines Aneurysmas der Arteria cystica in die Gallenblase, mit tödlicher Blutung. 1883
Prager Medizinischer Wochenschrift, N° 4.

19. Caton. — Aneurysm of the hepatic artery. 1886
Clinical society of London (28 mai). Cité d'après Bernard.

20. SACHS. — Zur Casuistik der Gefässerkrankungen. 1892
Deutsche medizinische Wochenschrift, page 443.

21. AHRENS. — Zwei Fälle von geborstenen Aneurysmen der Art. lienalis und hepatica. 1892
Inaugural-Dissertation, Greifswald.

22. HALE WHITE. — Case of Jaundice due to anevrysm of the hepatic artery. 1893
The British medical Journal, page 333 [1]. Cité d'après Grünert.

23. SAUERTEIG. — Ueber das Aneurysma der Arteria hepatica. 1893
Inaugural-Dissertation, Iena.

24. SCHMIDT. — Tödliche Blutung aus einem Aneurysma der Leberarterie, bei Gallensteinen. 1894
Deutsches Archiv für klinische Medizin, N° 52.

25. NIEWERTH. — Ueber einen Fall von Aneurysma der Arteria hepatica. 1894
Inaugural-Dissertation, Kiel.

26. MESTER. — Das Aneurysma der Arteria hepatica. 1895
Zeitschrift für klinische Medizin, Vol. XXVIII, page 93.

27. BERNARD. — Contribution à l'étude des anévrysmes de l'artère hépatique.
Thèse de Paris. 1897

28. HANSSON. — Aneurysma der Arteria hepatica. 1897
Hygiea. Cité d'après Kehr.

29. BRION. — Multiple intrahepatische Aneurysmen der Leberarterie mit Durchbruch in die Gallenwege. 1901
Deutsche Aerzte Zeitung, N° 18.

30. SOMMER. — Zwei Fälle von Aneurysmen der Arteria hepatica. 1902

[1] Grünert donne cette indication, mais il nous a été impossible de trouver ce travail, quoique nous ayons eu entre les mains l'année 1893 de ce journal.

*

Prager medizinische Wochenschrift,
N° 38. Cité d'après Grünert.

31. Kehr. — Der erste Fall von erfolgreicher Unterbindung der Arteria hepatica propria wegen Aneurysma. 1903
Münch. Medizinische Wochenschrift, N° 43.

32. Grünert. — Ueber das Aneurysma der Arteria hepatica.
Deutsche Zeitschrift für Chirurgie ; Vol. LXXI, Page 158. Décembre 1903

33. Sojecki. — Ein Fall von geplatztem Aneurysma der Leberarterie. 1904
Inaugural-Dissertation, Würzburg.

34. Schultze. — Ueber zwei Aneurysmen von Baucheingeweide-arterien.
Zieglers Beiträge, Vol. XXXVIII, page 374.

35. Schupfer-Alessandri. — Sopra un caso di anevrisma dell' arteria epatica. 1905
Policlinico, Sez. Pratica, N° 43.
Considerazioni chirurgiche sopra un caso di anevrisma dell' arteria epatica.
Policlinico, Sez. Pratica, N° 52.
Cité d'après Livierato.

36. De Vecchi. — Intorno ad un caso di anevrisma dell' arteria epatica. 1905
Bolletino delle scienze mediche ; Anno LXXVI ; Vol. V. Cité d'après Livierato.

37. Livierato. — Intorno ad un caso di anevrisma sacciforme dell' arteria epatica.
Gazz. degli ospedali et delle cliniche, N° 57. Mai 1906

38. Waetzold. — Leberruptur mit tödlicher Blutung in Folge Berstens eines oberflächlichen Aneurysmas.
Münch. mediz. Wochenschrift, N° 43 ; page 2107. Octobre 1906

39. Bickhardt und Schumann. — Beitrag zur Pathologie des Aneurysmas der Arteria hepatica propria. 1907
Deutsch. Archiv für klin. Mediz. ; vol. XC.

40. Reichmann. — Ein Fall von Aneurysma der Arteria hepatica propria mit Cystenbildung in der Leber. 1908
Virchows Archiv ; vol. CXCIV, page 71.

41. Sacquépée. — *Société anatomique de Paris.* Cité d'après Waetzold, qui lui-même cite d'après : *Zentralblatt für Pathol. Anat. ; vol. XI, page 748 (1900).*

Cas d'anévrysmes des autres artères de l'abdomen, aorte exceptée :

42. Babington. — Death from hemorrage consequent of the bersting of an Anevrysm of the pankreatic artery into the duodenum. 1856
The Dublin quart. Journal of med. (February). Cité d'après : *Schmidts Jahrbücher, Vol. CXXV.*

43. Chauffard. — Cité d'après : *Schmidts Jahrbücher, Vol. LXXXVII.*

44. Habershon. — Cité d'après : *Schmidts Jahrbücher, Vol. LXXXVII.* 1864

45. Sadler. — Cité d'après Grünert. 1854

46. Schmidts Jahrbücher. — *Volume CXXXV.* 1865

47. Wilson J. A. — An account of two cases of anevrysm of the superior mesenteric artery. 1841
Medico-chirurgical Transactions, London ; Vol. XXIV.

48. Zahn. — Ueber drei Fälle von Blutungen in der Bursa Omentalis und Umgebung. Ruptur eines Aneurysmas der Milzarterie. 1891
Virchows Archiv ; Vol. CXXIV, page 238.

Cas d'anévrysmes multiples :

49. Graf. — Ueber einen Fall von Periarteriitis nodosa mit multipler Aneurysmenbildung. 1897
Zieglers Beiträge ; Vol. XIX.

50. HOLMES. — Anevrysm of the cœliac and mesenteric arteries.
Transactions of the Pathological Society of London ; Vol. IX ; page 172. Cité d'après Niemeyer.

51. LEUDET. — Deux anévrysmes, appartenant aux deux branches principales de l'artère splénique.
Bulletin de la Société Anatomique de Paris ; Vol. XXVII ; Page 258. Cité d'après Lebert.

52. OLIVER-THOMAS. — Dissecting Anevrysm of the thoracic and abdominal aorta, the innominata and common iliaca arteries. 1892
Lancet 1. 20 ; page 1068. Cité d'après : *Schmidts Jahrbücher, 1893 ; Volume CCXXXVIII ; page 191.*

53. STERNBERG KARL. — Demonstration symmetrischer Aneurysmen beider Arteriæ iliacæ communes. 1908
Verhandlung der Deutsch. Path. Gesellschafft ; Zwölfte Tagung ; page 295.

Travaux traitant des artères et des anévrysmes en général :

54. BILLROTH UND WINIWARTER. — Von den Varicen und Aneurysmen.
Die allgemeine chirurgische Pathologie und Therapie ; Vorlesung 43 ; Kapitel XX, page 752. (16e édition) 1906

55. FORGUE E. — Anévrysmes artériels.
Précis de Pathologie externe ; Tome I, page 401. (2e édition) 1904

56. KAUFMANN. — Diagnose, Aetiologie und Therapie der Aneurysmen des Unterleibs. 1868.
Inaugural-Dissertation, Leipzig.

57. KAUFMANN. — Aneurysmen.
Lehrbuch der spezieller Pathol. Anatomie ; Page 76. (4e édition) 1907

58. LEBERT. — Ueber das Aneurysma der Bauchaorta und ihrer Zweige. 1865
Eine gratulationsschrift für das 500 jährige Jubiläum der Universität Wien (édité à Berlin).
59. MARCHAND F. — Arterien.
Separat Abdruck aus : Realencyclopedie der gesammten Heilkunde.
60. MÖNCKEBERG. — Ueber die reine Mediaverkalkung der extramitäten Arterien und ihr Behalten zu Arteriosclerose. 1903
Virchows Archiv ; Tome 171, page 141.
61. MÜLLER ERNST. — Zur Statistik der Aneurysmen. 1902
Inaugural-Dissertation, Iena.
62. NIEMEYER PAUL. — Ueber Aneurysmen. 1861
Schmidts Jahrbücher ; Tome CX, page 237.
63. NIEMEYER PAUL. — Ueber Aneurysmen.
Schmidts Jahrbücher ; Tome CXXV, page 234.
64. SCHMAUS. — Blutgefässe.
Grundriss der patholog. Anat., page 335. (7e édition) 1904
65. THOMA. — Untersuchungen über Aneurysmen.
Virchows Archiv ; Tome CXI-CXIII.

Divers :

66. KEHR. — Stillung einer Blutung aus der Arteria cystica, durch Unterbindung der Arteria hepatica propria. 1909
Münch. med. Wochenschrift, N° 5. Cité d'après : *Deutsche med. Wochenschrift, N° 7 (1909).*
67. LEBERT. — Krankheiten der Arterien. 1861
Handbuch der speziellen Pathologie und Therapie ; Tome V ; 2e partie ; page 11.
68. MAC CRAE. — A case of mult. mycot. anevrysms of the first part of the aorta.
The Journal of path. and bact., Edinburgh and London ; page 373.

69. MARCHAND. — Der Prozess der Wundheilung. 1901
Deutsche Chirurgie.
70. MARIE R. — Rôle des cellules fixes dans l'inflammation. 1900
XIIIe Congrès international de médecine, Paris, Section d'anat. pathol.

TABLEAU RÉSUMÉ DES ANÉVRYSMES DE L'ARTÈRE HÉPATIQUE

Numéros	AUTEURS	Année de la Publication	Sexe	Age	MÉTIER	Symptomatique[1] Douleurs	Hémorr.gies	Ictère	Durée de la maladie[2]	Nombre des Anévrysmes	SIÈGE	GROSSEUR	LIEU DE PERFORATION[3]	REMARQUES
1.	Wilson (Père)	1819	h	?	?	?	?	1	?	1	Branche Gauche	?	N. P.	
2.	Sestier	1830	f	65	?	—	—	—	?	1	id. Droite	Noisette	N. P.	
3.	Stockes William	1834	h	35	?	/1	/1	/1	10 semaines	1	id. id.	Orange	Cavité Péritonéale	Hémorragies non expliquées par l'autopsie.
4.	Crisp	1857	?	?	?	?	?	?	?	1	?	?	id. id.	
5.	Lediou	1856	f	54	Matelassière	—	—	—	?	1	Tronc de l'art. hépatique	Noisette	N. P.	Anévrysme totalement bouché par le thrombus.
6.	Wallmann	1858	f	36	Veuve d'invalide	/1	—	/2	4 mois	1	id. id.	Petite tête d'enfant	Cavité Péritonéale	
7.	Lebert	1861	f	30	?	/1	/2	/3	2 mois	1	id. id.	Œuf d'oie	Vésicule biliaire	
8.	Gairdner avant	1865	?	?	?	?	?	?	?	2	id. id. Mésentérique supérieure	?	?	
9.	Uhlig	1868	h	48	Maquignon	1	—	—	5 jours	1	Branche Gauche	Œuf d'oie	Cavité Péritonéale	
10.	Quincke	1871	h	25	Ouvrier	/3	/1	/2	4 mois	1	id. Droite	Aveline	Conduits hépatique et cholédoque	
11.	Standhartner	1875	h	23	Etudiant en médecine	—	—	1	15 jours	2	id. id id. Gauche	Noix Petite noix	Cavité Péritonéale N. P.	
12.	Irwine Pearson	1877	h	45	Soldat en Indes, puis agent de police	/1	/2	—	10 semaines	1	id. id.	Amande	Estomac	
13.	Ross et Ossler	1877	h	21	?	1	—	—	11 jours	1	id. Droite	Noix	N. P.	Douleurs proviennent d'hépatite suppurée.
14.	Borcher	1878	h	18	Charpentier	/1	/2	/3	1 mois	1	id. id	Châtaigne	Conduit hépatique	
15.	Heschl avant	1880	f	66	Domestique	—	—	—	?	1	Tronc de l'art. hépatique	Œuf de pigeon	N. P.	Mort de tuberculose.
16.	Drasche	1880	h	27	Colporteur	1	—	—	9 jours	1	Branche Droite	Noisette	Cavité Péritonéale	
17.	Weinlechner	1882	h	(jeune)	?	?	?	?	?	1	Tronc de l'art. hépatique	?	?	
18.	Chiari	1883	h	33	?	/1	/2	[illegible]	4 semaines	2	Artères cystiques { supérieure inférieure	Prune Pois	Vésicule biliaire N. P.	Perforation secondaire de la vés. bil. dans le duodénum.
19.	Caton	1886	h	50	Matelot	/1	/2	/3	8 mois	1	Tronc de l'art. hépatique	Grosse bille	Canal hépatique	
20.	Sachs	1892	h	60	?	—	1	—	?	1	id. id.	2 Sacs : grosseur de prune	Veine porte	Hémorragies proviennent de varices stomacales.
21.	Ahrens	1892	f	32	?	—	—	—	7 jours	1	id. id.	Œuf de poule	Cavité Péritonéale	
22.	Hale White	1893	h	18	?	—	—	1	15 jours	2	Branche Droite id. Gauche	Mandarine plus petit	id. id. N. P.	
23.	Sauerteig	1893	h	31	Bûcheron	/1	/2	/3	4 mois 1/2	2	id. Droite id. Gauche	Pomme Cerise	Conduit cystique N. P.	*Opération.*
24.	Schmidt	1896	f	40	?	/1	/2	/3	?	1	id. Droite	Œuf de poule	Conduit hépatique	Conduit hép. perforé dans ves. bil.
25.	Niewerth	1896	h	19	Garçon de café	1	—	—	5 jours	1	Tronc de l'art. hépatique	Petite tête d'enfant	Vésicule biliaire et cholédoque	Ves. bil. perforé secondairement dans cav. périt. — *Opération.*
26.	Mester	1895	h	42	Cocher	/1	/2	/3	8 mois	1	Branche Droite	Œuf de poule	Conduit hépatique	*Opération.*
27.	Bernard	1897	h	56	?	/1	—	/2	2 jours	1	Tronc de l'art. hépatique	Grosse orange	Cavité Péritonéale	
28.	Hansson	1897	h	14	?	/1	/2	—	4 mois	1	Branche Droite	Œuf de poule	Conduit hépatique	
29.	Brion	1901	h	15	Apprenti serrurier	/1	/2	/3	10 jours	4	Lobe gauche du foie	Noix, cerise, noisette, 1/2 pois	Canalicule biliaire	
30.	Sommer	1902	?	?	?	—	1	—	?	1	Tronc de l'art. hépatique (?)	?	Duodenum	Perforé secondairement dans cavité périt.
31.	Kehr	1903	h	29	?	/1	/2	/3	2 ans 1/2	1	Artère cystique	Œuf de poule	Vésicule biliaire	*Opération.* — La malade vit encore.
32.	Grünert	1903	h	21	?	/2	—	/1	1 an	1	Tronc de l'art. hépatique	Pomme	N. P.	*Opération.*
33.	Sajecki	1904	h	86	?	1	—	—	3 mois	1	Branche Droite	Prune	Cavité Péritonéale	
34.	Schütze	1905	h	57	?	/1	/2	/3	?	1	Tronc de l'art. hépatique	Œuf d'oie	Canal cholédoque	
35.	Schupfer-Alessandri	1905	h	22	Militaire	—	/1	/2	3 mois 1/2	1	id. id.	Œuf de poule	Vésicule biliaire	*Opération.*
36.	De Vecchi	1905	?	?	?	?	?	?	?	1	?	?	?	
37.	Livierato	1906	h	28	Cantonnier	1	—	—	2 jours	1	Tronc de l'art. hépatique	?	Cavité Péritonéale	
38.	Wantzold	1906	h	45	?	1	—	—	1-2 mois	Multiples	Branche droite et Lobe droit	Le plus gros est un peu plus gros qu'une cerise	Cavité Péritonéale	
39.	Bickardt et Schumann	1907	f	60	Veuve de cordonnier	/1	/2	—	4-5 mois	1	Tronc de l'art. hépatique	Œuf d'oie	Duodenum	Du vivant de la malade, tumeur palpable.
40.	Les mêmes	1907	h	10		—	—	1	2 mois 1/2	1	Branche Droite	Œuf de poule	Cavité Péritonéale	
41.	Reichmann	1908	h	20	?	1	—	—	3 semaines	4	id. id.	Œuf de pigeon	id. id.	
42.	Notre cas	1911	h	38	Charpentier	1	—	—	4-6 mois	4	Branches Droite et Gauche	Noix, amande, datte, pois	id. id.	

Aux cas ci-dessus on pourrait peut-être ajouter les deux suivants :

Bickardt et Schumann 1907 f 65 Cuisinière 1 — 1 en outre : Tumeur pulsatile à l'épigastre ; souffle systolique. Les symptômes rétrocédèrent et la malade vit.
Sacquépée entre 1895 et 1900 h 44 Perforation dans la cavité péritonéale d'une cavité du foie pleine de sang. Endartérite luétique. L'auteur croit que cette poche s'était formée peut-être par la rupture du petit anévrysme du parenchyme du foie.

[1] Un trait vertical signifie présence du symptôme (1 = positif). Un trait horizontal signifie son absence (— = négatif). Les petits chiffres à droite des traits indiquent l'ordre d'apparition des symptômes.
[2] La durée de la maladie est comptée depuis l'apparition du 1er symptôme ou dès le début de la maladie infectieuse, quand elle paraît devoir être l'étiologie.
[3] N. P. signifie anévrysme non perforé.

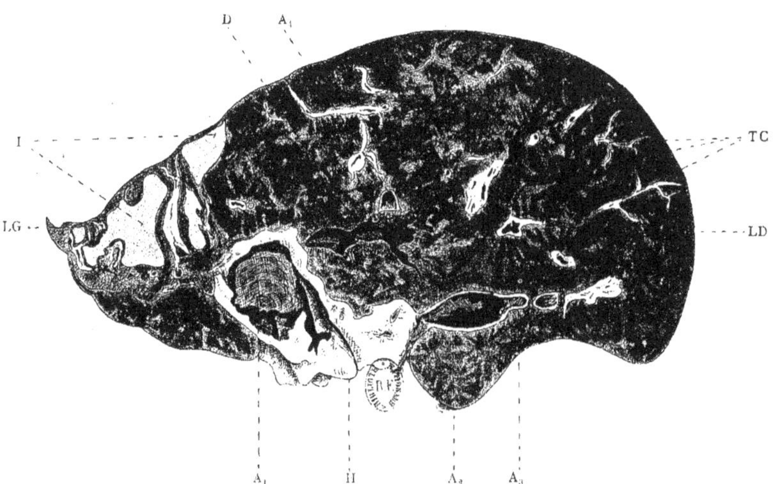

Planche I.

COUPE DU FOIE

Cette coupe est parallèle à son bord antérieur et passe par les deux anévrysmes symétriquement placés sur les deux branches de bifurcation de l'artère hépatique.

A^1 — Anévrysme de la branche gauche de l'artère hépatique rempli par un gros caillot, à couches concentriques.
A^2 — » de la branche droite, avec restes de masses thrombosées.
A^3 — » placé transversalement au précédent (A^2) et bouché par un caillot.
A^4 — » sur une branche artérielle plus petite du lobe droit.
D — Déchirure du parenchyme provenant de l'anévrysme A^1, contenant quelques masses thrombosées.
I — Infarct blanc.
H — Hile du foie.
LD — Lobe droit.
LG — Lobe gauche.
TC — Tissu conjonctif.

Planche II.

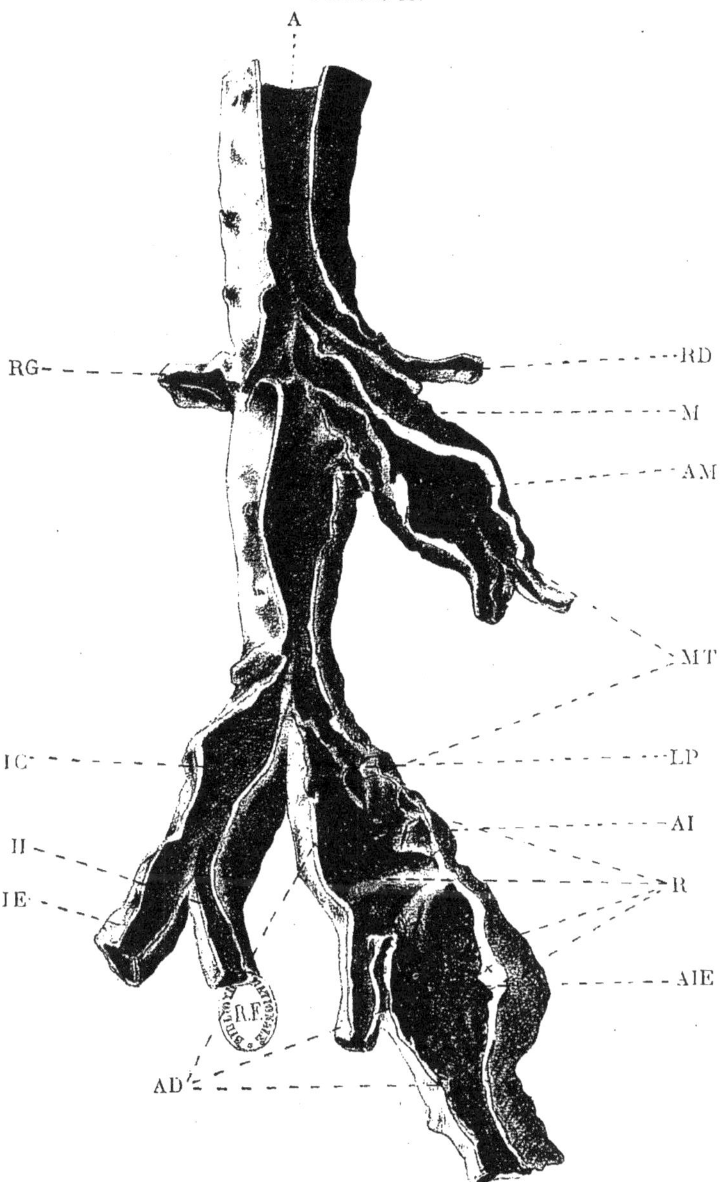

AORTE ABDOMINALE ET SES BRANCHES COLLATÉRALES ET TERMINALES, AVEC LEURS ANÉVRYSMES

(Les vaisseaux ont été ouverts par leur face postérieure)

A — Aorte.
AM — Anévrysme de la mésentérique supérieure.
AI — » de l'iliaque commune.
AIE — » de l'iliaque externe.
AD — Adventice épaissie formant les parois des anévrysmes.
IC — Iliaque commune gauche.
IE — » externe »
II — » interne »
LP — Lumière primitive de l'artère iliaque commune à droite.
M — Artère mésentérique supérieure.
MT — Masses de sang thrombosé.
R — Restes des tuniques moyenne et interne.
RD — Rénale droite.
RG — Rénale gauche.

Planche III.

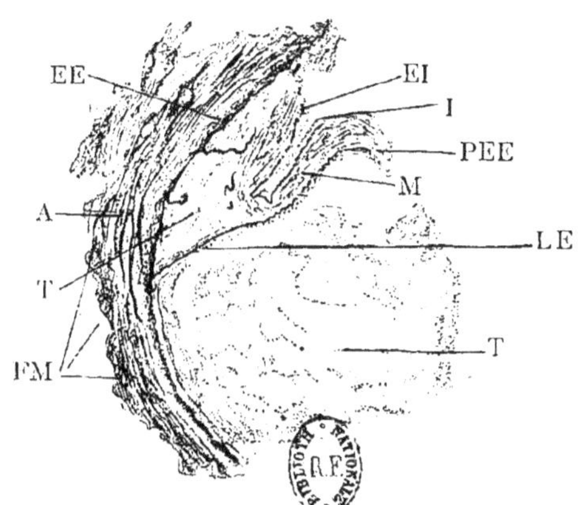

ANÉVRYSME DE L'ARTÈRE MÉSENTÉRIQUE SUPÉRIEURE
(Coloration de VAN GIESON)

A — Adventice.
EE — Limitante élastique externe.
EI — » » interne.
FM — Faisceaux musculaires lisses.
I — Tunique interne.
LE — Lamelle élastique appartenant à l'adventice et relevée lors du glissement de la tunique moyenne. Cette lame est environnée de tissu conjonctif néoformé et forme comme une barrière dans l'anévrysme.
M — Tunique moyenne.
PEE — Partie de la limitante élastique externe, faisant suite à la lame élastique (LE) et demeurée attachée à la tunique moyenne.

Planche IV.

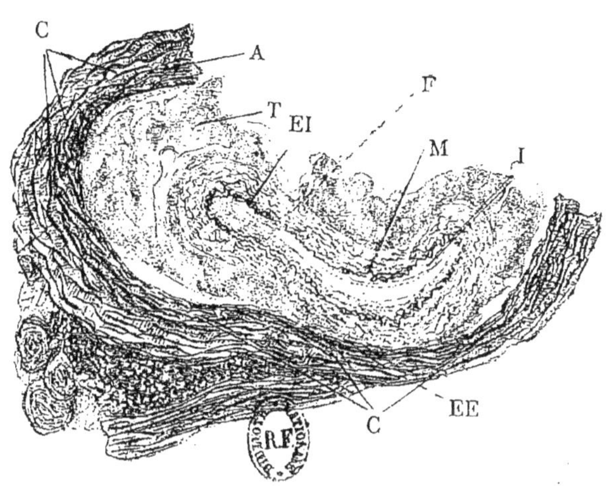

ANÉVRYSME DE L'ARTÈRE ILIAQUE EXTERNE
(Coloration de VAN GIESON)

A — Adventice.
C — Capillaires sanguins.
EE — Limitante élastique externe.
EI — » » interne.
F — Section de l'artère pratiquée lors de l'autopsie.
I — Tunique interne.
M — » moyenne.
T — Masses thrombosées.

Planche V.

FIGURE 1.

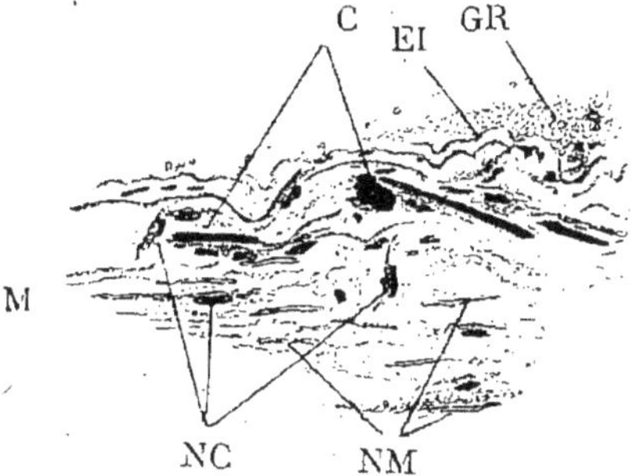

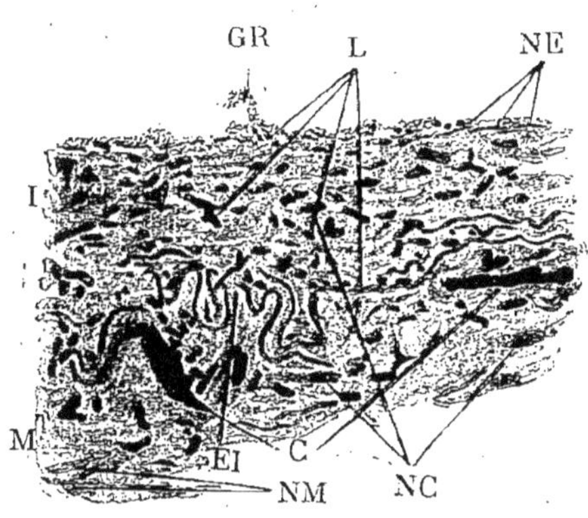

FIGURE 2.

FIGURE 3.

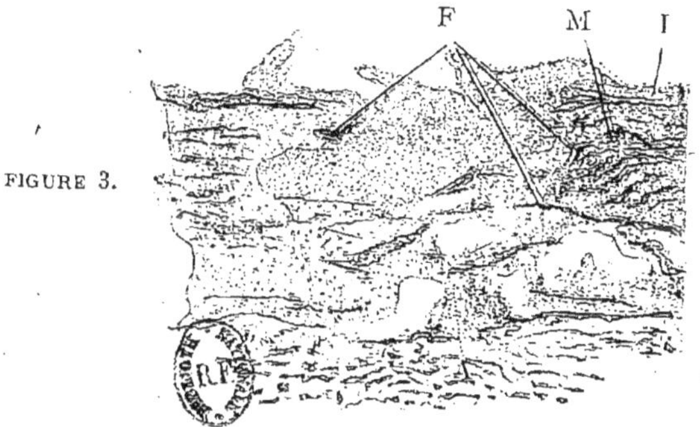

PORTIONS DES PAROIS DE L'ANÉVRYSME DE L'ARTÈRE ILIAQUE EXTERNE, A DE PLUS FORTS GROSSISSEMENTS

Figures 1 et 2 — *Calcifications partielles des lamelles élastique de la tunique moyenne*

(Coloration de Van Gieson)

Dans la figure 1 la tunique interne est absente ;
Dans la figure 2, au contraire, elle est épaissie.

C — Portions calcifiées entourées de tissu conjonctif néoformé.
EI — Limitante élastique interne.
GR — Globules rouges.
I — Tunique interne.
L — Leucocytes.
M — Tunique moyenne.
NC — Noyaux des cellules conjonctives.
NE — » » » endothéliales.
NM — » » » musculaires lisses.

Figure 3 — *Déchirure de la tunique moyenne, comblée par des éléments de la tunique interne*

(Coloration de Hornowski)

A — Adventice.
F — Fibres et lamelles élastiques.
I — Tunique interne.
M — Tunique moyenne.

PARIS & CAHORS, IMPRIMERIE A. COUESLANT. — 13.667

www.ingramcontent.com/pod-product-compliance
Lightning Source LLC
Chambersburg PA
CBHW071527200326
41519CB00019B/6100
* 9 7 8 2 0 1 1 3 0 8 8 3 2 *